空间数据检索及快速处理技术研究

杜根远 著

图书在版编目(CIP)数据

空间数据检索及快速处理技术研究/杜根远著. —武汉：武汉大学出版社,2015.10
ISBN 978-7-307-16908-1

Ⅰ.空… Ⅱ.杜… Ⅲ.空间信息系统—数据检索—研究 Ⅳ.P208

中国版本图书馆 CIP 数据核字(2015)第 227523 号

责任编辑:鲍 玲　　责任校对:汪欣怡　　整体设计:马 佳

出版发行：**武汉大学出版社**　(430072 武昌 珞珈山)
(电子邮件：cbs22@whu.edu.cn 网址：www.wdp.com.cn)
印刷:湖北恒泰印务有限公司
开本：720×1000 1/16　印张:14.75　字数:219 千字　插页:1
版次:2015 年 10 月第 1 版　2015 年 10 月第 1 次印刷
ISBN 978-7-307-16908-1　定价:38.00 元

序

空间数据是一种具有空间位置属性的基础数据和专题数据，是国家基础设施建设和地球科学研究的重要资源。随着对地观测技术的发展，人类获取的空间数据越来越多。遥感数据是非常重要的空间数据。目前，遥感数据呈现出高空间分辨率、高光谱分辨率、高时间分辨率和多平台、多传感器、多角度的发展趋势。随着 Google Earth、World Wind 等地球空间信息平台的日渐普及，其海量、多尺度、多分辨率地球空间数据的组织管理、实时调度、快捷处理等，均不可避免地需要构造其全球空间数据模型，以便更加高效、快速、无缝地存取地球空间数据。空间数据的爆炸式增长，为全球、海量、多源的空间影像数据的处理和应用提出了新的考验，其中最主要的问题就是如何建立高效的空间数据组织方式，实现海量数据的快速检索和便捷化应用。

地球剖分理论和高性能计算为上述问题的解决提供了全新的思路。剖分是对地理空间进行位置划分的方法，剖分理论是按照一定规则将地球表面逐级划分为大小相似、没有相互依赖及顺序关系的数据集合，数据之间通过空间框架定义和唯一编码进行表达，存储节点和地理空间之间是一一映射关系。高性能计算利用集群的并行计算能力，通过高速网络实现任务分割和作业调度，从而实现海量空间影像数据的高性能并行处理。

《空间数据检索及快速处理技术研究》一书作者所在的研究团队在国家自然科学基金、“地球探测与信息技术”教育部重点实验室开放基金、河南省相关研究课题的资助下，围绕空间数据的快速处理及检索相关的理论与技术问题进行了较为深入细致的研究和探索，取得了一些有益的结论，该书即是他们团队研究成果的总结。书中所介绍的空间剖分数据并行化处理方案把地球剖分理论与并行计算进行了有机结合，是一种新的尝试和创新，相信会对本领域研究者有所启迪。

笔者深信，本著作的出版，对于推动和发展空间数据检索及快速处理技术的综合交叉应用具有一定的学术和应用价值。祝愿作者及其所在的团队在科学研究的征程上不断取得新的成果并及时与同仁们分享。

前　言

随着全球立体对地观测系统的逐步形成和完善，空间数据的数量、大小、复杂性和传输速度都在飞速增长，全球、海量、多源是其显著特征，其中，遥感图像数据是应用最为广泛的一种空间数据。目前，遥感应用的水平滞后于空间遥感技术的发展，从而造成空间数据资源的巨大浪费，其应用价值得不到充分利用，形成了空间数据的生产和传输能力远远大于空间数据解析能力的局面。研究海量遥感图像数据的高效组织与快捷应用、快速检索有效空间信息、提高遥感图像分析识别的精度，是目前遥感应用中亟待解决的问题，具有十分重要的科学意义和应用价值。

解决这一问题的关键是发展有效的空间数据组织管理和内容检索方法，空间数据组织效率和处理速度已经成为制约技术应用的瓶颈，目前，地球剖分理论和高性能计算为上述问题解决提供了一种可能途径。地球剖分理论是按照一定的规则将地球表面逐级划分为球面网格单元的方法，这些区域单元无缝、多层次且拟合地球表面，在空间信息表达与管理上具备独特的优势。该理论将空间数据逻辑分割为大小相似、没有相互依赖及顺序关系的数据集合，数据之间通过空间框架定义和唯一编码得以表达，存储节点和地理空间之间是一一映射关系，空间数据按照其所在的空间位置进行存储管理，在地理计算、空间分析及表达过程中，可利用集群的并行计算能力对其进行加速处理，从而为海量遥感影像数据高性能处理提供新的解决思路。

目前，图像内容检索技术取得了一些研究进展，但是针对遥感图像内容检索的研究却相对缓慢，无论是理论体系还是应用系统，都还不成熟，遥感图像具有尺度大、主题不明确、多时相、语义丰富等特点，普通图像中的研究成果不能直接应用于遥感图像内容检索中去。

对于一个完整的遥感图像内容检索系统，其数据组织、存储与管理、特征描述及提取、相似性度量、网络服务模式、系统架构设计及实现等研究工作面临着许多困难与不足，研究所涉及的各项关键技术势在必行。

本书针对空间数据检索及快速处理技术所涉及的关键技术，提出了一些创新性思路和方法，并分别从理论和技术的角度对其价值和实用性予以分析和验证。

本书由许昌学院杜根远博士拟定全书的撰写纲要，并负责各章节的内容安排、终稿审定和全文审校。其中，张火林讲师参与第6章的撰写，熊德兰副教授参与第2章的撰写；史进玲讲师参与第4章的撰写，邱颖豫副教授参与第5章的撰写。

本书研究基础来源于国家自然科学基金委河南人才培养联合基金——基于剖分模型的遥感影像模板并行处理方法研究(U1304403)；“地球探测与信息技术”教育部重点实验室开放基金课题——基于数字地球平台的遥感图像内容检索关键技术研究(2008DTKF012)；河南省科技攻关(重点项目)计划——Hadoop下剖分遥感影像并行处理平台设计与开发(132102210398)，剖分遥感影像模板化并行处理技术研究与应用(112102210079)；河南省基础与前沿技术研究计划——云环境下海量遥感影像数据存储机理研究(132300410349)，粒计算及其在遥感图像检索中的应用研究(102300410060)；河南省教育厅自然科学研究计划——遥感图像内容检索关键技术及数据库存储机理研究(2010A520035)。

感谢成都理工大学苗放教授在百忙之中为本书写序，在此深表感谢!在本书写作过程中，借鉴和参考了国内外同行的研究成果和有益经验，同时也引用了大量的参考文献，谨在此表示深深的敬意和感谢!

由于作者学术视野、专业水平及研究深度有限，书中难免有遗漏和错误之处。对于书中的错漏及不当之处，敬请广大读者批评、指正!

杜根远

2015年5月

目　　录

第1章　遥感数据检索及处理技术发展 …… 1
1.1　研究背景及意义 …… 1
1.1.1　问题提出 …… 1
1.1.2　研究意义 …… 4
1.2　相关技术研究现状 …… 5
1.2.1　图像内容检索技术 …… 5
1.2.2　遥感图像内容检索技术 …… 9
1.2.3　空间数据组织理论及快速处理技术 …… 13
1.3　主要研究内容 …… 16

第2章　空间数据组织及检索技术概述 …… 17
2.1　空间数据组织与管理概述 …… 17
2.1.1　概述 …… 17
2.1.2　地球空间数据组织与管理 …… 19
2.2　遥感图像数据的网络服务模式 …… 27
2.2.1　WebGIS …… 27
2.2.2　C/S 和 B/S 模式 …… 28
2.2.3　空间信息网络服务 G/S 模式 …… 29
2.3　图像特征描述与提取 …… 31
2.3.1　颜色特征 …… 31
2.3.2　纹理特征 …… 38
2.3.3　形状特征 …… 39
2.3.4　图像高层特征提取 …… 40
2.3.5　综合多特征提取 …… 41

2.4 图像检索的相似性度量方法…… 42
2.4.1 距离度量方法…… 43
2.4.2 基于粒计算的相似性度量方法…… 44
2.5 检索方式及相关反馈机制…… 45
2.6 检索算法的性能评价…… 47
2.7 本章小结…… 48

第3章 遥感图像聚类分割方法研究 …… 49
3.1 难点及意义…… 49
3.2 遥感图像分割方法概述…… 50
3.2.1 图像分割定义及研究进展…… 50
3.2.2 遥感图像分割…… 52
3.2.3 遥感图像聚类分割研究进展…… 54
3.3 结合ECM和FCM聚类的遥感图像分割方法…… 56
3.3.1 模糊C均值聚类算法 …… 56
3.3.2 EC-FCM算法思想 …… 58
3.3.3 实验验证…… 61
3.3.4 结果分析…… 65
3.4 基于改进FCM的遥感图像序列分割方法 …… 66
3.4.1 颜色空间选择…… 67
3.4.2 距离测度的选择…… 68
3.4.3 序列分割策略…… 70
3.4.4 实验及结果讨论…… 70
3.5 本章小结…… 75

第4章 基于粒计算的图像相似性度量研究 …… 76
4.1 相关概念…… 76
4.2 粒计算理论…… 77
4.2.1 粒计算基本要素…… 78
4.2.2 粒计算基本理论…… 79
4.2.3 粒计算的基本问题…… 81

4.3　信息系统中的属性约简与多粒度度量 …… 83
4.3.1　基于粗糙熵的信息系统属性约简算法 …… 83
4.3.2　基于知识粗糙熵的序信息系统约简算法 …… 87
4.3.3　信息系统中的多粒度度量 …… 90
4.4　基于粒计算的图像区域相似性度量方法 …… 92
4.4.1　图像特征信息的粒计算表示 …… 92
4.4.2　图像区域相似性度量方法 …… 96
4.4.3　实例分析 …… 97
4.5　本章小结 …… 100

第 5 章　空间剖分数据存储调度服务模型研究 …… 101
5.1　空间数据组织理论发展 …… 101
5.1.1　地球剖分组织理论 …… 102
5.1.2　EMD 剖分模型 …… 103
5.1.3　剖分面片及其编码 …… 105
5.2　面向客户端聚合服务的 G/S 模式架构 …… 108
5.2.1　基本架构 …… 108
5.2.2　技术理论体系 …… 109
5.2.3　地学信息浏览器 …… 113
5.2.4　分布式空间信息服务器群 …… 114
5.3　剖分面片模板数据模型研究 …… 115
5.3.1　影像数据剖分面片模板 …… 115
5.3.2　基于模板的剖分面片计算模式 …… 118
5.3.3　剖分模板数据库系统构建及应用 …… 120
5.4　空间剖分数据存储调度服务模型构建 …… 128
5.4.1　剖分数据网络服务协议体系架构 …… 129
5.4.2　协议支持下的空间数据访问流程 …… 131
5.4.3　剖分数据存储调度模型总体框架 …… 133
5.4.4　地址编码结构 …… 134
5.4.5　寻址流程 …… 136
5.5　服务应用实例 …… 137

5.6　本章小结 …………………………………………………… 140

第6章　空间剖分数据并行处理方法及平台开发 ………………… 142
6.1　并行处理技术概述 ……………………………………………… 142
6.1.1　并行处理基本概论 ………………………………………… 142
6.1.2　并行编程模型 ……………………………………………… 143
6.1.3　并行处理技术在遥感领域的应用 ………………………… 147
6.2　基于剖分面片模板的并行处理技术 ………………………… 147
6.2.1　剖分模板并行处理模式 …………………………………… 147
6.2.2　剖分面片基本空间关系 …………………………………… 148
6.2.3　剖分模板计算模式 ………………………………………… 149
6.2.4　基于剖分面片模板的遥感影像并行处理方法 ………… 151
6.3　基于OpenMP与MPI的遥感影像并行分割算法 ………… 157
6.3.1　*K*-Means算法 ……………………………………………… 157
6.3.2　MPI+OpenMP混合编程模式 ……………………………… 158
6.3.3　基于OpenMP与MPI的遥感影像并行分割算法 …… 158
6.3.4　具体应用实例 ……………………………………………… 160
6.4　剖分遥感影像并行处理平台 ………………………………… 162
6.4.1　开发环境介绍 ……………………………………………… 162
6.4.2　软件开发过程 ……………………………………………… 164
6.5　本章小结 ………………………………………………………… 170

第7章　遥感图像内容检索原型系统设计及实现 ………………… 171
7.1　系统开发背景 …………………………………………………… 171
7.2　分布式CBRSIR数据库存储机理 …………………………… 172
7.2.1　遥感图像数据模型分析 …………………………………… 172
7.2.2　使用Oracle的栅格化空间数据存储 …………………… 174
7.2.3　构建基于Oracle的分布式数据库 ……………………… 179
7.3　原型系统体系结构设计 ……………………………………… 182
7.3.1　系统设计原则及总体架构 ………………………………… 182
7.3.2　基本数据库操作 …………………………………………… 185

7.3.3　对标准图形文件的支持 …………………………………… 186
7.4　原型系统实现 ……………………………………………… 187
7.4.1　检索接口 ……………………………………………… 187
7.4.2　检索处理 ……………………………………………… 188
7.4.3　检索算法 ……………………………………………… 188
7.4.4　系统实现 ……………………………………………… 191
7.5　本章小结 …………………………………………………… 196

第8章　结语与展望 ………………………………………………… 197
8.1　全书总结 …………………………………………………… 197
8.2　研究展望 …………………………………………………… 199

参考文献 ……………………………………………………………… 201

第1章　遥感数据检索及处理技术发展

1.1　研究背景及意义

1.1.1　问题提出

空间数据(geospatial data)是指用来表示空间实体的位置、形状、大小及其分布特征等诸多方面信息的数据，可以用来描述来自现实世界的目标，具有定位、定性、时间和空间关系等特性。全球空间数据是指覆盖全球的航天侦察数据、卫星测绘数据、气象海洋环境遥感数据、导航定位数据、地球重力场数据、临近空间和中远距离航空侦察数据等航天航空对地观测数据。其中，遥感图像数据是应用最为广泛的一种空间数据。

由于雷达、红外和多光谱扫描仪、数码相机、高光谱成像仪、全站仪、天文望远镜、电视摄像、电子显微成像、CT成像等各种宏观与微观传感器或设备的使用，以及常规的野外测量、人口普查、土地资源调查、地图扫描、统计图表等空间数据获取手段的更新和提高，计算机、网络、全球卫星导航系统(Global Navigation Satellite System, GNSS)、遥感(Remote Sensing, RS)和地理信息系统(Geographic Information System, GIS)等技术应用于空间数据，空间数据的数量、大小、复杂性和传输速度都在飞快地增长，全球、海量、多源是其显著特征。其中，遥感技术是人类获取资源环境动态信息的重要手段，随着人类对自身生存环境的日益关注，已经成为社会、政治和经济生活中不可或缺的组成部分。

随着现代科学技术的高速发展，空间信息资源的获取和应用日益受到广泛重视，我们正从“数字地球”时代向“智慧地球”时代迈进（李德仁，等，2010）。目前，遥感对地观测技术正在形成一个多层次、多角度、全方位、全天候、高中低轨道结合、大中小卫星协同、粗细精分辨率互补的全球立体对地观测系统（Earth Observation System，EOS）（李德仁，等，2006；Li，2009）。QuickBird、SPOT、IRS、IKONOS、EOS、ASTER、WorldView、OrbView-3、CBERS、尖兵系列等产生的新型遥感数据不仅波段数量多、光谱分辨率高、数据速率高、周期短，而且数据量特别大，仅 EOS-AM1 和 PM1 每日获取的遥感空间数据就以 TB 级计算（李德仁，等，2000），Landsat 每两周就可获取一套全球卫星遥感图像数据，美国航空航天局（NASA）的数字行星项目每天要产生 1000GB 新数据，从而造成了“空间数据的生产和传输能力远远大于空间数据解析能力”（李德仁）的局面。

遥感影像作为一种实时性高、覆盖范围广、信息丰富的空间信息资源，已经成为国家空间数据基础设施建设的重要基础数据，在航空航天、军事侦察、灾害预报、环境监测、土地规划与利用、农作物估产等诸多军事及民用领域发挥了重要作用（Mather，2004）。随着对地观测技术、遥感技术、计算机及通信技术的迅猛发展，空间信息的数据量急剧膨胀，这为空间信息应用服务的自动化、实时化、智能化创造了有利的前提条件，也给空间信息的组织和管理带来了严峻挑战。同时，在信息全球一体化和大众化背景下，应用领域对遥感影像的兼容性、实时性、精度和可靠性要求也越来越高，处理速度已经成为遥感影像快捷应用的瓶颈（李德仁，等，2010）。因此，需要发展更高效的全球空间信息组织和管理的理论和技术体系，实现海量空间数据的高性能处理和应用服务，以应对蓬勃发展的应用需求。

在过去的几十年里，遥感应用的水平滞后于空间遥感技术的发展，从而造成空间数据资源的巨大浪费，其应用价值得不到充分利用。研究如何从海量的遥感图像数据中获取有效空间信息，提高遥感图像分析识别的精度，是目前遥感应用中亟待解决的问题之一，如何从海量遥感图像数据库中快速准确地检索到所需信息具有十分重要的意义。解决这一问题的关键是发展有效的空间数据管理和检索方法，其核心是图像检索（Image Retrieval，IR）技术，这也是近年来海量遥感图像检索所面临的瓶颈之一。

自20世纪70年代以来，图像检索技术得到了迅速发展。早期被称为基于文本的图像检索(Text-based Image Retrieval, TBIR)，一般采用对图像注释关键词或者文本信息，通过数据库管理技术实现基于文本的图像检索。传统的TBIR已经非常成熟，如文本搜索引擎Google、百度等均采用这种方式进行查询。但是随着Internet和网络技术的发展，海量图像数据的出现，其不足和局限性日益显现，主要表现如下：图像信息描述有歧义或无描述而造成检索结果不理想；丰富的图像可视化信息无法用文字进行完整、全面、准确的描述；若不具备专业知识无法应用于遥感、医学等特殊领域；手工注释文本信息的工作量太大以及存在主观性、不确定性；检索系统无法正确解释用户自然语言等。

20世纪90年代，为了克服文本检索存在的问题，人们开始试图从理解图像本身特征的角度实现图像检索，Kato(1992)正式提出基于内容的图像检索(Content-based Image Retrieval, CBIR)概念，它涉及对图像的查询、索引、浏览、搜索、提取等处理，利用图像本身所包含的客观视觉特征(颜色、纹理、形状等)，通过这些特征的相似性度量从数据集中检索到目标图像。CBIR尝试通过对内容的理解来有效利用图像数据库信息，它是一门包括计算机视觉、图像处理、数据库技术和人工智能等在内的众多学科的新兴交叉学科技术。

近些年来，中外许多专家学者对CBIR进行了大量深入的研究，也取得了很大的进展，甚至在某些领域已经商用，但在图像特征选取、相似性度量、图像数据库组织与存储、用户交互、网络访问模式等方面还存在许多问题，仍需要进一步研究。同时专门针对遥感图像内容检索的研究进展却相对缓慢，无论是理论体系还是应用系统，都还不成熟，远远无法达到商用的目的。在医学、多媒体(如风景、动植物、商标、邮票等)等普通图像中的研究成果虽然可被遥感图像内容检索所借鉴，但是，遥感图像具有尺度大、主题不明确、多时相、语义丰富、海量等特点，决定了上述研究成果不能直接应用于遥感图像内容检索中去，对于一个完备的CBRSIR(Content-based Remote Sensing Image Retrieval)系统，其系统架构设计、数据组织与管理、特征描述、网络服务模式、查询机制、相似性度量等诸多方面的准确性和有效性都不同于一般CBIR系统，研究工作面临着许多困难与不足，研究遥感图像内容检索所涉及的各项关键技术势在必行。

目前遥感影像的相关处理技术日趋成熟，已经取得了一大批理论和算法成果。但并行处理技术仍然是提高遥感影像处理速度和效率的最有效方法之一。高性能计算技术、高性能集群、各种专用硬件设备等均在遥感影像高性能处理领域得到了广泛应用。但是，由于缺乏有效的数据组织机制，多源异构的影像数据要实现动态、高效关联比较困难，此外，遥感影像并行处理算法需要采取合理的策略进行粒度分割，以充分发挥集群的计算能力，否则会造成计算集群各节点额外的数据访问开销。而且，遥感影像并行算法的实际运行效率往往达不到理想的加速比，严重依赖于集群的硬件配置情况，不具有通用性。如何科学高效地对空间数据进行组织、合理设计并行算法模型、充分利用集群CPU(Central Processing Unit)、GPU(Graphic Processing Unit)及MIC(Many Integrated Core)的计算能力对其进行优化，对编程者而言是一个难点，也给空间数据应用带来了困难。

1.1.2　研究意义

随着各种军用、民用卫星的日益增多，空间数据特别是遥感图像数量急剧增加，对于依赖于遥感图像进行环境监测、资源调查、地面目标监视等任务来说，从大量的空间数据中找出感兴趣图像以及从复杂遥感图像中找出感兴趣目标，日益成为一项繁琐而沉重的工作(李德仁，等，2006)。遥感图像包含两个方面的含义，地物目标的几何空间信息和光谱信息。由于存在比例尺的差异，不同比例尺的图像应用于不同的领域，其中查询使用的重点图像特征也不同。对于遥感图像内容检索，除了像普通图像检索一样进行特征提取之外，还需要综合考虑元数据如地理位置、波段、不同传感器参数、比例尺等因素与图像内容的关系，以及考虑遥感图像幅面大、细节多而引起的存储开销和检索效率等问题。

遥感图像内容检索在特征选取、相似性度量、查询机制和效率、数据快捷处理应用、网络服务模式、数据库机理等多方面都有其自身特点，如何对遥感图像进行有效的组织与管理、提高遥感图像快捷处理和应用的效率，是本书讨论的重点之一。

基于地球剖分模型将空间数据逻辑分割为大小相似、没有相互依赖及顺序关系的数据集合，数据之间通过空间框架定义和唯一编码得以表达，由于存储节点与地理空间一一映射，空间数据按照空间位置进行存储管理，具有全球多尺度唯一基准，在空间运算和分析中，可以利用集群的并行计算能力对其进行加速处理，从而为海量遥感影像数据高性能处理提供了新的解决思路。

本书作者在相关课题的资助下，以军民重大需求为牵引，通过对空间数据组织、管理及快速处理应用，遥感图像内容检索若干理论和技术问题的研究与探索，以期在一定程度上推动内容检索技术在空间信息领域的发展和应用，进而推动空间数据的快捷应用。

1.2 相关技术研究现状

1.2.1 图像内容检索技术

图像内容检索是一门快速有效地从海量图像中检索出相关图像的技术。十余年来，随着人工智能、图像数据库技术、图像工程、计算机视觉、模式识别、数据挖掘、自然语言理解和 Internet 技术水平的不断发展，国内外学者对 CBIR 和 CBVR（Content-based Video Retrieval）的研究也日益深入和广泛，并已取得了一些重大成果，一些原型系统也已得到初步应用。如 IBM QBIC（Niblack, et al., 1993）、Columbia 大学的 VisualSeek（Smith, et al., 1996）、Virage 公司的 Virage 系统（Bach, et al., 1996）、UIUC 开发的 MARS（Mehrotra, et al., 1997）、MIT Photobook（Pentland, et al., 1996）、UC Berkeley 的 Digital Library Project（Ogle, et al., 1995）、CIRES：Content-based Image REtrieval System（Iqbal, et al., 2002）、UCSB Alexandria Digital Library Project 的 Netra（Ma, et al., 1999）等。国内相应研究包括清华大学计算机系的“Web 上基于内容图像检索”、中国科学院计算技术研究所开发的“基于特征的多媒体信息检索系统”（Multimedia

Information Retrieval System, MIRES)(http://www.intsci.ac.cn/image/mires.html)等，上海交通大学、浙江大学、复旦大学也做了相关研究。

其中，IBM 公司于 20 世纪 90 年代开发的 QBIC(Query by Image Content)是一个标准的基于内容的图像检索系统，并支持基于 Web 的图像检索服务，是较早使用 CBIR 技术并且功能全面的典范。QBIC 系统由 Data Population 和 Database Query 两部分构成(Flickner, et al., 1995)。Data Population 负责对系统存储的图像进行多种特征抽取和维护特征索引库；Database Query 负责对用户查询输入的图像进行特征抽取，并将特征信息输入匹配引擎，检索出具有相似特征的图像。二者之间使用一个过滤索引生成器相连，所有的查询、反馈过程都必须经过过滤索引生成器，才能进入匹配引擎。用户输入图像、简图时，QBIC 分析和抽取所输入对象的色彩、纹理、运动变化等特征，根据用户选择的查询方式分别处理，把与检索对象最相似的结果返回给用户。

以下是对图像内容检索技术的主要研究内容进行评述。

(1)主要功能模块及检索层次

CBIR 的基本框架主要由检索引擎和数据库系统两部分组成，二者之间通过多维索引过滤模块连接。检索引擎包括用户查询接口及查询进程，数据库系统包括图像数据库、特征向量库和注释数据库，查询或存储的图像通过特征提取模块提取特征向量进行检索或存入数据库。系统从图像中分析、抽取底层特征，构成特征向量集合，利用选定的距离空间来计算特征向量之间的距离，进而获取图像之间的相似度来实现基于内容的图像检索。

基于内容的图像检索大致可分为三个层次：基于原始数据的检索(raw data-based retrieval)、基于特征的检索(feature-based retrieval)、基于语义的检索(semantic-based retrieval)。前者是精确匹配，效率较低，很少直接使用；特征检索采用图像的可视化特征(颜色、纹理、形状等)描述图像内容进行检索；在目前计算机视觉和图像理解的发展水平下，采用语义描述图像内容进行查询的语义检索，还没有很好的解决方案。目前 CBIR 的研究和应用还主要集中在特征层，现有系统一般都具有基于颜色、纹理、形状等单个特征或复合特征检索的功能。

(2)图像内容特征描述

图像内容特征描述是 CBIR 的关键问题，其描述质量对检索效果有直接影响。主要研究问题包括：图像特征的选择和提取、特征的组织和表达、特征向量间的相似性度量。目前对于图像特征的选择研究较多的是颜色、纹理和形状等低层视觉特征及其综合，高层特征如对象空间关系、语义等还有待进一步研究，并且对于同一特征的提取有多种方法可供选择，相关提取方法仍需做进一步研究。

无论使用单一特征还是综合特征，都存在一个底层特征和上层理解之间的差异问题，即"语义鸿沟"(semantic gap)，主要原因是底层特征不能完全反映或者匹配查询意图。通过以下技术手段可在一定程度上弥补：利用相关反馈(relevance feedback)产生的反馈信息更新检索条件；利用图像分割(image segmentation)把图像划分出不同的分割区域，以增加局部特征的信息量；建立复杂的分类模型，如非线性分类模型支持向量机(support vector machine)等。

(3)相似性度量

相似性度量(similarity measure)是图像内容检索技术中的关键问题之一，图像内容的语义很难精确描述，所以采用被检索图像与样本图像之间的视觉特征相似性匹配来解决。图像检索是一种基于相似性匹配的检索，通过对图像内容进行分析，抽取其内容特征组成向量，计算特征向量空间的距离或者相似性的测量度来描述图像的相似度。经常采用的是距离方法，即几何模型，但是距离方法往往针对特定应用领域或特定图像库，应用对象的改变会导致算法效率的快速下降，所以不具有普适性。更加符合人类视觉特征的相似性度量方法仍需进一步研究。

(4)图像数据库相关技术

随着 CBIR 研究的深入，如何有效地组织、管理和检索海量、大规模图像数据库，已成为目前图像检索领域一个相当重要的研究课题。图像数据库研究产生于图像分析和模式识别领域，在医学领域应用最多。早期图像数据库有专门的应用领域，后来的研究热点是多媒体数据库，产生了基于内容的图像检索，引入了一系列的图像处理和索引技术，但是在具体应用领域，像多尺度遥感数据库，还有很多方面值得研究。

图像数据库是与图像有关联的数据的集合，包括图像的特征、图像内某一对象的意义、图像之间的逻辑关系等。图像数据的数据量大，具有多维性与多样性，所以，在构建图像数据模型库时，要考虑数据库图像数据的表示格式、索引、压缩、检索、分割(分块)、组织与管理、引擎开发等相关问题。

(5)原型系统设计及网络服务模式

原型系统是提供整体测试相关算法性能的综合平台，系统所涉及的各项关键技术通过原型系统才能得到充分的体现和进一步完善，所以，原型系统的设计和实现也是CBIR的一个关键技术。在设计过程中，研究焦点主要集中在系统框架设计、数据库规划设计、人机交互界面、查询接口、查询方式、用户透明性、网络服务模式的选择等。

(6)相关反馈及性能评价

目前，CBIR的查询结果往往不能让用户完全满意，其原因主要有：人、机视觉感知有一定差距；计算机得到的低层次特征与高层次概念的差距；不易找到符合人和图像之间相似度的计算方法。相关反馈基于人机交互的思想，加入了人对图像的认知，首先按照最初的查询条件，系统返回给用户查询结果，用户可以人为介入(或自动)来选择几个最符合他查询意图的返回结果(正反馈)，也可以选择最不符合他查询意图的几个返回结果(负反馈)。这些反馈信息被送入系统用来更新查询条件，重新进行查询。从而让随后的搜索更符合查询者的真实意图，尽量缩小低层特征和高层语义之间的差距，提高算法的检索效果。目前对检索性能的评价还很不成熟，还需要做进一步研究。

目前，CBIR的研究成果已经在许多领域得到了广泛应用，如电子图书馆、艺术博物馆、医学图像分析、知识产权保护、人口户籍管理、档案查询、安全监视系统、服装设计、建筑设计、遥感等地理图像信息的管理和共享。但是在以下一些方面仍需做大量的研究工作：能充分反映对象内容的图像数据模型；有效特征提取；高层概念描述，如语义获取；多媒体描述标准；多媒体对象标识和索引，如自动标注技术、媒体对象标识、索引结构；相似性度量，特征向量的距离函数，相似度测度函数集；多特征综合检索，集成查询；智能化。

1.2.2 遥感图像内容检索技术

1. 遥感图像数据库国内外研究现状

随着空间信息技术的快速发展，海量空间数据尤其是遥感数据的接收、管理、分发和使用成为困难，空间信息数据库是解决上述问题的关键技术。早期管理大多采用以图像的归档属性和对原始数据描述的方式进行，数据存储主要是基于文件的管理方式。遥感图像数据库的研究始于20世纪80年代末，至今，海量遥感图像数据库内容检索系统的研究和实现仍为热点，目前商用的产品主要有：

(1) Microsoft 的 TerraServer 项目

该项目将大量的地球航空图像和卫星图像存储在 Microsoft SQL Server 数据库中，该数据库通过 Internet 服务于公众。TerraServer 包括 5 TB 未压缩的城市卫星、航空图像和压缩了的 1TB 数据库数据，是目前 Internet 上最大的地图服务器和卫星影像数据仓库。图像在数据库中以金字塔形结构进行存储，用户可以对图像进行推近、拉远等浏览。影像数据按四种分辨率(tile、thumbnail、browser 和 jump 图像)进行组织，TerraServer 中的影像仅能用作浏览显示，不能做进一步的处理、分析(http://www.terraserver.com/)。

(2) 卫星图像磁带档案和检索系统 ITARS

美国农业部产品外销局(FAS)的 ITARS 是一个基于 Internet 的影像数据库系统，由 LNK 公司与 FAS 合作开发，于 1995 年 1 月投入使用。ITARS 主要对卫星图像磁带建档和进行检索，并提供图像的快视(QuickView)，数据库中主要存放卫星图像磁带的相关数据。

(3) 多分辨率无缝数据库 MrSID

MrSID (Multi-resolution Seamless Image Database) 是由美国 Los Alamos 国家实验室发明的新一代图像压缩、解压、存储和提取技术。它利用离散小波转换对图像进行压缩，通过局部转换，使得图像内部任何部分都具有一致的分辨率和非常好的图像质量。具有如下特点：

较高的压缩比；支持多种图像格式文件的压缩，可压缩图像大小决定于计算机可寻址的存储器大小，可将多幅图像压缩为一个文件，建立大型图像数据库；可以多种分辨率显示影像数据；可实现即时、无缝、多分辨率的大量图像浏览(http：//www. lizardtech. com/)。

(4)美国国家信息库 NIL

美国国家信息库(National Information Library，NIL)是目前全球存储规模最大、获取数据速度最快的数字影像档案库，可存储5年的数字影像，并对2500万幅的影像资料进行存档，可在15~20s内处理8万多个查询业务，具有强大的信息处理反馈能力。该库包括1~5m的框架影像库、目标定位库、基础特征库等。

(5)武汉吉奥 GeoImageDB

GeoImageDB系统是一个大型的多分辨率无缝影像库系统，由武汉吉奥信息工程技术有限公司研制。实现了“各比例尺影像数据独立建库，小尺度总揽整个影像库全局，大尺度以一定的规模建立若干子库，以各子库为基本的建库单位，由系统应用软件实现分布式存储、统一调度、集中管理、影像数据统一分发，并实现任意分辨率的影像数据同尺度、跨尺度、跨子库的放大、缩小、实时或准实时无缝浏览和漫游等操作”(http：//www. geostar. com. cn/)。

(6)中国典型地物波谱数据库 SpeLib

中国典型地物波谱库系统是一个集地物波谱数据库、地表先验知识库、遥感应用模型库与航空航天影像库为一体的综合遥感信息应用平台。

还有像美国 Intergraph 公司的 GeoMedia Pro(http：//www. intergraph. com/)、美国 Erdas 公司 IMAGINE 系列中的 Image Catalog(http：//www. erdas. com)、美国 ESRI 公司的 ArcSDE(http：//www. esri. com)、ER Mapper 公司的大型海量影像数据网上发布系统(image web server，IWS)(http：//www. supermap. com. cn/ermapper/)等数据库产品。

此外，还有一些研究遥感图像检索的计划或项目。如美国 Los Alamos National Laboratory 的 CANDID (comparison algorithm for navigating digital image databases)项目、California 大学等的 Sequoia

2000 项目、瑞士的 RSIA II+III (advanced query and retrieval techniques for remote sensing image databases)项目、新加坡 Nanyang Technological University 的(RS)^2(retrieval system for remotely sensed imagery)项目、Berkeley 图书馆项目等；国内中国科学院遥感应用研究所程起敏(2004)、浙江大学陆丽珍(2005a)等人也做了相关研究。

2. 遥感图像内容检索系统的一般框架

遥感图像内容检索系统一般应包含以下三个子系统：查询子系统、特征提取子系统、图像数据库子系统，如图 1-1 所示。查询子系统涉及人机交互接口设计、索引/检索引擎的设计及特征向量的相似性度量模块；特征提取子系统主要包括对遥感图像数据的预处理(如图像分割等)、目标标识和特征提取、特征向量的入库等；图像数据库子系统包括遥感图像库、特征向量库、辅助知识库等。根据不同的应用和需要，还应增加相应模块，如相关反馈模块等。

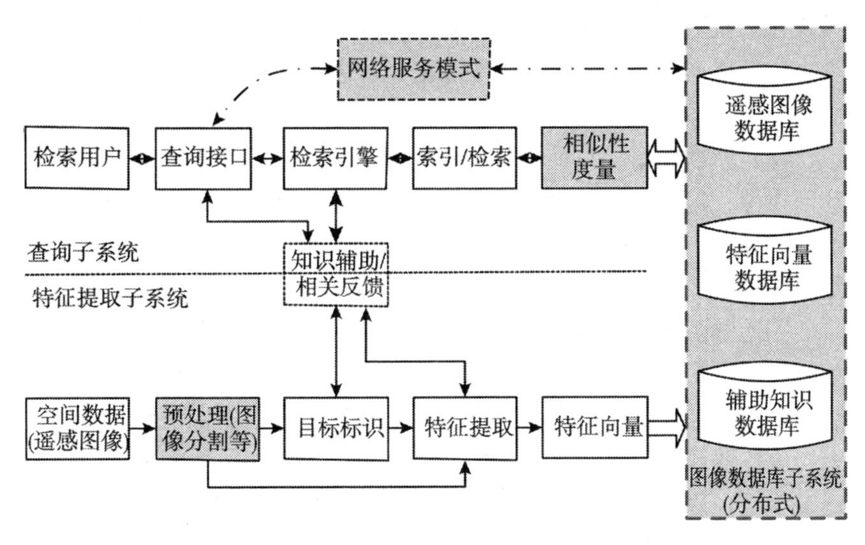

图 1-1 遥感图像内容检索系统一般框架

3. 目前存在的主要问题

分析国内外已经实现的遥感图像数据库系统，要建立一个成功的适合内容检索的数据库系统，须着力解决好以下几个方面问题：

①TB 级甚至 PB 级海量、多源空间数据的组织与管理。目前，海量遥感图像数据库已经从基于文件管理方式到基于数据库管理或混合管理方式发展。其中，如何有效地组织遥感图像数据，以便快速存取、快捷应用是系统成功的关键。文件管理方式具有更高的效率，而数据库管理方式具有处理并发和众多应用综合集成的能力，需要在物理数据库和逻辑数据库上做详细设计，以解决遥感图像数据所特有的一些问题。

与此同时，传统平面格网模型在处理海量全球空间数据时显现出越来越多的局限性，如数据断裂、几何变形和拓扑不一致等问题，从目前研究情况来看，基于地球剖分组织理论的球面格网模型已成为解决海量空间数据组织和管理问题的一个热点。

②遥感图像自身的特性决定了遥感图像不存在明显的主体或主题，传统的内容检索成果不能直接应用于遥感图像内容检索中去，如何快速、有效地对遥感图像进行分割和特征提取成为解决“数据海量、信息提取不足”的一个关键问题，遥感图像分割方法的优劣是其中一个重要环节。

③相似性度量。目前图像检索的相似性度量方法中较多采用的是几何模型，这些方法针对特定的图像库检索结果较理想，但不具有普适性，寻求更加接近人类主观视觉感知的遥感图像相似性度量方法也是提高检索效率的途径之一。

④遥感图像数据的网络服务模式。目前图像数据库的应用方式有单机应用、B/S 模式、C/S 模式等。但分别存在为面向特定应用设计、不同服务器与对应客户端之间在数据层面上没有标准和交换的概念、服务器和网络带宽的负荷较大、对空间数据的分析和处理效率较低等不足，研究如何解决上述问题，形成对空间数据进行统一、灵活、层次化的组织和管理以及快捷处理、应用的空间信息网络服务新模式。

⑤遥感图像数据高性能处理技术。随着遥感数据的快速增加，如何实时对数据进行高效率的处理已经成为困扰应用的难题。

⑥图像数据库结构设计。为了快速地存取图像数据，需要研究图

像数据的分块组织和多尺度、多粒度组织的数据结构、块检索机制和相关算法。

除此之外，如何有效地对空间信息数据进行压缩、传输、高层语义特征的选择和提取、相关反馈在检索算法中的应用等也是值得研究的问题。

1.2.3 空间数据组织理论及快速处理技术

地球剖分模型以空间剖分组织框架为基础，将地球剖分为形状规则、层次清晰、离散分布的面片，实现全球范围内海量数据存储、提取和分析，解决传统平面数据模型在全球范围内多尺度、海量数据和层次数据上存在的局限性，保证空间数据的全球统一组织、球面-平面一体化表达、多源空间数据快速整合等应用服务(程承旗，等，2012)。目前，剖分模型在国内外已有许多成果，主要分为三类：经纬度剖分模型、正多面体剖分模型和自适应网格模型等(童晓冲，2011)。其中，经纬度格网是经线和纬线按固定的间隔在地球上相互交织构成的网格，是地学界应用最早、也是目前应用最广泛的一种空间信息网格。剖分模型一般采用四叉树结构和剖分编码来组织剖分面片，实现不同层级之间以及同一层级中不同面片之间相互关联的全球遥感影像体系。在国家973项目支持下，北京大学空天信息工程研究中心在融合国内外各种球面剖分模型优点的基础上，提出了基于地图分幅拓展的地球剖分模型(the Extended Model Based on Mapping Division, EMD模型)(关丽，等，2012；程承旗，等，2010)。

EMD模型的主要思想是对于高纬度地区，采用“正多面体”以三角形进行剖分的方法，实现空间数据的组织；对于中低纬度区域，采用基于地图分幅的“等经纬度格网”剖分方法，继承并拓展了地图分幅自身良好的剖分特性(程承旗，等，2010)。该模型以地图分幅体系为子集，对其进行拓展，实现了遥感数据、测绘数据及地图数据的统一组织和管理。除具有其他剖分模型的优点外，该模型与现有空间数据及坐标表达存在简单明确的对应关系，与现有的测绘基础能较好的融合，已有的海量空间数据能简单方便地纳入该组织体系中，具有较强的实用性。EMD模型采用基于全球剖分面片与存储介质对应的一体化存储形式，形成了一套每个存储节点都具备地学含义、以空间位置记录为核心的方法。该体系具有统一的空间数据记录基准、数据关联方式及高效计算的数据组织方法，最大程度地体现数据的空间特性，能够实现多类型、大数据量、多尺度空间数据的一体化组织与管理，支持多尺度变换、集中式服务和跨区域的分布式服务(董芳，等，2012)。

经过几十年的发展，遥感影像处理技术日趋成熟，已经取得了一大批理论和算法成果。并行处理技术是目前遥感影像处理的一个热点研究方向，也是提高影像处理速度和效率最有效的方法之一。以并行数据处理为基础的高性能集群处理技术和以大规模分布式处理为基础的网格计算技术是目前遥感影像高性能处理所采用的主要方法(Lee, et al. , 2011)。与此同时，高性能集群、分布式计算系统、专用硬件设备等在遥感影像高性能处理领域已广为采用。高性能集群技术以集群式计算机为处理平台，通过多处理单元并行处理达到提高处理速度的目的(Plaza, et al. , 2010; Wang, et al. , 2010)。目前，高性能遥感数据集群处理关键技术具体实现包括基于可扩展 64 位计算平台下高精度数据处理技术和大规模并行处理技术，具有海量数据存取与管理、任务调度与管理等能力，广泛适用于各种遥感数据的快速处理(龚健雅，2007)。目前国内外公司及科研院所开发的一些处理系统，比较成熟的两个系统分别是法国 InfoTerra 公司研发的像素工厂(ISTAR Pixel FactoryTM)和中国测绘科学研究院研发的遥感影像集群处理系统。分布式计算系统是一种大规模广域分布式处理技术，它通过虚拟化技术和计算服务化来调用全球范围内存储资源、计算和各种应用服务，实现遥感数据处理的高效、实时和地域无关性(Brito, 2010)。遥感影像的分布式处理主要对象为遥感影像，其请求的处理服务包括遥感数据处理的各个方面，如辐射定标、几何纠正、影像融合、地物分类等。专用硬件设备 GPU、MIC 以其在图形处理方面的独特优势在遥感影像处理领域也得到了广泛的应用(Govett, et al. , 2010; Liu, et al. , 2011; Huang, et al. , 2011; González, et al. , 2011)。

沈占锋等人(2007)基于 MPI(Message Passing Interface)提出了非

均匀数据划分策略对高分辨率遥感影像进行处理，同时提出了一种新的数据流分配方法。曾志等人(2012)针对远海遥感影像目标物数量相对较少的特点，提出了对影像进行并行处理的集群体系任务分配算法模型。Guo 等人(2012)提出了一种面向统一遥感图像处理的多粒度并行模型，并给出了模型的四层接口，描述了模型接口、定义、并行任务调度和容错机制等。Maulik 和 Sarkar(2012)提出一种有效的、可扩展的并行点对称的遥感影像像素分类并行算法，并给出了用于计算基于距离的点对称的加速策略。Ma 等人(2014)提出一种可重用、基于 GPU 的遥感影像并行处理模型，并构建了部分并行编程模板。针对并行处理结果的最终拼接问题，李维良等人(2013)提出了一种基于并行预分割的高分辨率遥感影像多尺度分割方法，在保证分割结果准确性的前提之下避免了分隔线的产生，消除了分隔线所带来的种种问题。胡晓东等人(2010)提出了一种新的数据缝合算法解决分割结果合并问题，此算法对“缝合线”两侧的分割块进行了合并以及重新分割，使并行分割结果更符合实际且接近于对整幅影像进行单线程运算的分割结果。

目前，遥感影像高性能处理仍然存在一些问题，如对遥感数据高性能处理认识不够，研究过多集中在处理算法和模型方面，一些算法因为计算量大而无法得到应用；相关研究机构和数据处理部门没有建立大规模遥感数据处理设备，从而制约了该研究的进展；一些效果较好的遥感影像高性能处理算法，没有形成实用化的软件模块等。

总体上来讲，现有并行处理算法的实际运行效率较低，影像位置依赖性问题严重。地球剖分模型为全球空间数据提供了高效的存储与组织方法，地球上不同区域的空间数据，通过剖分化处理进入存储集群中相应的存储记录，在组织上实现了区域划分，为多区域间的并行计算提供了组织基础。基于 EMD 的全球剖分模型将空间数据逻辑分割为大小相似、没有相互依赖及顺序关系的数据集合，数据之间通过空间框架定义和唯一编码得以表达，由于存储节点与地理空间一一映射，空间数据按照空间位置进行存储管理，具有全球多尺度唯一基准，在空间运算和分析中，可以实现计算机并行处理，从而为全球海量遥感影像数据快速处理提供了新的解决思路。

目前，地球剖分组织理论及遥感影像并行处理方法已应用于空间信息的多个领域，但许多研究都处于起步阶段，对于剖分方法、理论体系、编码模型、存储机制等方面的理论研究较多，具体的应用成果比较少，特别是针对地球剖分模型支持下的剖分面片开发相应的快速处理策略较少，结合 EMD 剖分模型在遥感影像并行处理方面的优势，在剖分面片模板数据模型、模板计算模式、模板快速并行处理机制等方面很值得研究。

1.3　主要研究内容

针对目前遥感图像内容检索及快速处理技术存在的上述问题，本书从空间数据的组织与管理、分割方法、相似性度量方法、网络服务模式、存储调度服务、空间数据并行处理方法、分布式遥感图像数据库设计、原型系统平台等方面进行了研究，主要内容包括：

①分析和总结了目前空间数据快速处理及遥感图像内容检索所涉及的关键技术；

②研究基于聚类的遥感图像分割方法，研究在 MPI 和 OpenMP 环境下遥感影像的并行分割方法；

③研究基于粒计算的图像检索相似性度量方法；

④结合面向客户端聚合服务的 G/S 模式和地球剖分组织理论，研究空间数据剖分面片及面片模板的数据模型，G/S 模式下的空间剖分数据存储调度服务模型；

⑤结合并行计算理论，研究基于剖分面片模板的遥感影像并行处理方法及技术；

⑥结合分布式遥感图像数据库设计，研究剖分影像并行处理平台，建立遥感图像内容检索原型系统。

第2章　空间数据组织及检索技术概述

本章对遥感图像内容检索所涉及的关键技术进行评述，将系统分析和归纳目前国内外的研究现状，为后续章节的展开奠定理论和技术基础。其主要内容包括：遥感图像数据的组织与管理、空间数据的网络服务模式、图像特征的描述与提取、相似性度量方法、相关反馈机制、检索方式及性能评价。

2.1　空间数据组织与管理概述

2.1.1　概述

1. 空间数据存储与组织

空间数据组织管理就是利用计算机实现空间数据定义、操纵、存储，以及基于空间位置的高效查询(吴信才，2009)。目前主要有以下几种管理方法：文件管理、文件与关系数据库混合管理、纯关系型数据库管理、面向对象数据库管理、对象-关系数据库管理以及Oracle Spatial管理方式等，其中关系型数据库在理论和技术上已经成熟，而面向对象数据库仍需要做进一步研究。

如何对全球海量空间数据进行有效的组织管理和快捷应用，如快速检索、动态更新、空间分析等，是困扰国内外学术界和应用部门的一大难题。传统平面格网模型在处理海量全球空间数据时局限性越来越明显，从目前研究来看，基于全球空间数据剖分组织理论的球面格网模型成为解决海量空间数据组织和管理问题的一个热点。地球球面格网模型具有离散性、层次性和全球连续性特征，符合计算机对数据离散化处理的要求，又摆脱了地图投影的束缚，有望从根本上解决传统平面格网模型在全球多尺度空间数据管理与可视化操作上的数据缝隙、几何变形和拓扑不一致等问题(赵学胜，等，2007)。

全球空间数据剖分组织模型采用面片格网(facet grid)剖分的思路，将地球球面剖分为形状规则、变形较小、无缝无叠的多层次离散层状面片，为全球空间信息建立多级索引体系，能够实现全球海量空间数据的存储、提取和分析，较好地解决了全球空间数据的组织和管理难题。

2. 遥感图像压缩技术

遥感图像数据压缩技术是解决有限的信道容量与大量遥感数据传输矛盾的有效手段，有利于节省通信信道，提高数据传输速率和效率，降低对存储空间的需求；且有利于实现保密通信，提高系统的整体可靠性。传统的图像压缩技术在压缩倍率、解压缩速度及质量等方面存在不足，对于大数据量、高分辨率遥感图像数据，目前应用较多的是基于离散小波变换(Discrete Wavelet Transform，DWT)的影像压缩技术，它是以小波分析理论为基础的一种图像数据压缩技术，可以大大降低存储空间及数据传输时对带宽的需求(赫华颖，陆书宁，2008)。小波压缩的成功算法有EBCOT(Embedded Block Coding with Optimized Truncation)(Aly，Bayoumi，2006)、EZW(Embedded Zerotree Wavelet)(姚敏，赵敏，2009)、SPIHT(Set Partitioning In Hierarchical Trees)(Christophe，et al.，2008)等，而较为成熟的基于DWT的大规模影像压缩程序有LizardTech的MrSID和ERMapper公司的ECW(Enhanced Compressed Wavelet)。

3. 图像数据的分块组织技术

数据分块是海量遥感图像库数据组织和管理的一项关键技术，对数据进行分块管理可以方便数据压缩、减少网络数据传输量，有利于通过计算机对图像数据进行处理。另外，在关系型数据库中，以小的图像块作为一条记录来对其进行操作也可以提高数据库的性能。

图像块的大小对图像高度效率的影响至关重要，特别是考虑到影像可视化的速度。在海量空间数据检索，特别是遥感图像库内容检索中，目标图像往往是空间无缝、包含多个复杂目标的大幅面图像，而查询图像则一般仅包含一种或少数几种纹理特征并且尺寸较小，在查询图像的纹理特征和目标图像的整体纹理特征之间做相似性比较是没有意义的，遥感图像库内容检索实际上是查询图像和目标影像局部区域之间的相似性比较。因此，遥感图像数据合理有效的分块组织策略是影响到遥感图像数据库基于内容检索精度的一个重要因素。目前，常用的数据分块方法包括 Tile 分块、四叉树结构分块等，基于上述分块规则，建立多分辨率遥感图像金字塔层次模型。

4. 空间索引技术

空间索引，又称空间访问方法(Spatial Access Method，SAM)，是指依据空间对象的位置和形状或空间对象之间的某种空间关系按照一定的顺序排列的一种数据结构，其性能的优劣直接影响空间数据库的整体性能。

因此，空间数据库索引是提高空间数据库存储效率、空间检索性能的关键技术。传统的索引技术如 B 树、B+树、二叉树、ISAM 索引、哈希索引等主要是针对一维属性数据的主关键字索引而设计的，因而不能有效地索引空间数据。设计高效的针对空间目标位置信息的索引结构与检索算法，成为提高空间数据库性能的关键所在。典型的空间索引技术包括 R 树、R+树、R * 树、CELL 树、四叉树索引及其变种、格网索引、空间填充曲线等(吴信才，2009)。其中，格网索引较适合影像数据库，影像数据库中数据按照分块来进行存储组织，而数据块划分规则、无缝、无重叠，可按照格网编号和数据块的对应关系来索引图像块。

2.1.2 地球空间数据组织与管理

传统地理信息系统采用平面数据模型，重点关注的是局部地区的问题，即通过地球投影，将三维球面数据变换到二维平面上。随着技术的进步和经济的发展，许多应用领域，如全球环境变化检测、气象预报、资源可持续开发和智慧城市建设等，越来越频繁地使用大范围甚至全球多尺度的地理空间数据进行分析决策。

传统平面空间数据模型在处理大范围甚至全球的空间数据时，将导致数据缝隙几何变形和拓扑不一致等问题。其主要原因是，地图投影将球面上各向异性的度量扭曲为各项同性的欧式空间，使得大区域内的距离方位和面积等计算变得不精确(胡鹏，等，2001)。

为保证全球地理数据的空间表达是全球的、连续的和层次的，需要研究非欧氏几何的空间数据模型。地球离散格网是基于球面的一种可以无限细分，但又不改变其形状的地球拟合格网，当细分到一定程度时，可以达到模拟地球表面的目的，具有层次性和全球连续性，避免了平面投影带来的缝隙和变形(周启鸣，刘学军，2007)。

1. 空间数据的缝隙问题

空间数据的缝隙问题是由于地图的平面表示造成的，这种平面数据模型在处理大范围及至全球空间数据时，其局限性会变得明显。

①地球椭球体的空间三维坐标需要向二维坐标进行投影变换，这些理论和方法容易在边界上出现空间数据的断裂和重叠，从而导致全球空间数据实体的不连续。

②对球面数据进行一系列平面投影转换过程中，位置、方向和面积会出现不同程度的变形(White, et al., 1992)。

③空间位置的平面投影坐标与坐标位置之间的差别，会随覆盖面积的增加而增大，不可避免地会产生缝。

④大地坐标系随着技术的进步而不断进化，其变换对传统空间数据表达的数字地图带来至今无法解决的问题(李德仁，崔魏，2004b)。

⑤传统平面数据模型不能满足全球海量数据的多分辨率表达需求。

现有地球空间数据的数据结构和表达模式从本质上看是单一尺度的，以平面投影为基础，难以满足全球空间数据的多分辨率计算和操作要求。为了从根本上解决传统空间数据模型的局限性，解决地球海量空间数据的存储、检索和分析问题，需要我们构建一个覆盖全球的无缝空间数据模型。

2. 球面的无缝剖分模型

全球离散格网是一种可以无限细分的、拟合地球表面的、具有无缝性和层次性的网格单元，每一个网格单元都有全球唯一的编码。剖分方式直接决定了离散格网数据的存储方式和索引方式，并最终影响到离散格网数据的调度效率。常见的剖分方式主要有等经纬度格网剖分、变经纬度格网剖分、正多面体格网剖分和自适应格网剖分。

(1)等经纬度格网

等经纬度格网是地学界应用最早，也是目前应用最广泛的一种全球离散格网剖分方式，是经线和纬线按固定间隔在地球表面上相互交织所构成的格网。等经纬度格网的典型代表是四叉树(Quad Tree，QT)算法，其基本思想是用等经纬度间隔的面片对全球进行空间划分，同一层面片的经纬度间隔相等，相邻层面片的经纬度间隔倍率为2。许多有关全球范围的空间数据也是以等经纬度格网来表达的，如美国地质调查局提供 GTOPO30 数据，它将全球划分为 33 个区域，每一个区域内每隔经纬度 30 弧秒给出一个高程值。

等经纬度格网有一定的局限性。当单元从赤道向南北两极移动时，其面积和形状变形越来越大，而在南北两极，网格将退化为三角形而不是矩形；等经纬度格网没有顾及空间数据的密度和大小，会产生大量的数据冗余(Sahr，et al.，1998)。

(2)变经纬度格网

为了使同一层次格网的面积近似相等，或者限制在同一量级上，业界提出了变间隔的经纬网剖分方案。例如，美国 NIMA(National Imagery and Mapping Agency)提供的数字高程 DTED(Digital Terrain Elevation Data)采用了维度间隔固定、经度间隔从赤道到两极逐渐增大的方案(Bjørke，et al.，2003)。变经纬度空间划分的典型代表是椭球四叉树(Ellipsoid Quad Tree，EQT)算法，其基本思想是用面积的面片对全球进行空间划分，同一层次面片的面积相等，相邻层面片的面积倍率为 4(Ottoson，et al，2002；张立强，2004)。

(3)正多面体格网

正多面体格网划分的基本思路是：首先把球体的内接正多面体(正四面体、正六面体、正八面体、正十二面体和正二十面体等)的边投影到球面上作为大圆弧，使得球面三角形(或者四边形、五边形和六边形等)的边覆盖整个球面；然后对球面多边形进行递归细分，从而建立全球连续的、近似的球面格网。其克服了经纬度格网的非均匀性和奇异性的缺陷，在全球范围内是无缝的、稳定的和近似均匀的(Dutton，1991)。Dutton 选择正八面体和四元三角网

(Quaternary Triangular Mesh，QTM)作为全球 DEM 组织的基础(Dotton，1984)。内接正八面体球面投影部分是球面三角形，其递归细分可基于三角形、菱形和六边形进行。最流行的递归细分方法则是经纬度平分法(Dutton，1996)。

(4)自适应格网

自适应格网是以球面上实体要素为基础，并按实体的某种特征进行球面的剖分，Hipparchus 系统中(Lukatela，2000)，利用球面 Voronoi 多边形剖分建立了全球地形的不规则三角网模型(Triangulated Irregular Network，TIN)，从而完成全球地形的三维可视化建模。基于 Voronoi 剖分的自适应格网比规则或者半规则的剖分格网具有更大的灵活性，但是 Voronoi 格网的递归剖分相当困难，难以建立多分辨率层次的金字塔结构，这对那些需要不同分辨率数据的应用是非常不利的，如大规模场景的三维适时可视化，通常会基于视点远近建立细节层次模型(Level of Detail，LOD)。

武汉大学李德仁院士提出的空间信息多级网格(Spatial Information Multi-Grid，SIMG)也可以看作是自适应格网的一种(李德仁，等，2003a)。

3. 球面格网数据的组织

对于球面离散格网，金字塔模型是使用最为普遍的一种数据组织方法，它是一种多分辨率层次的模型，即有多个分辨率层次，相邻层次之间有固定的倍率关系，每一个层次覆盖同一区域。正多面体格网和等经纬度格网分别是研究领域和工程领域最为关注的两个球面剖分模型。

(1)正八面体格网数据的组织

在正八面体格网中，一个球面三角形被细分为 4 个小球面三角形，依次类推。一个球面三角形的位置码由一个八分码和最多 30 个四分码组成，在第 k 个剖分层次，球面三角形 A 的编码行为 $a_0 a_1 \cdots a_k$，其中，a_0是八分码(即正八面体的初始剖分码)，其他是四分码，球面地球表面被初始剖分为 8 个等球面三角形。

已知经纬度，则单元码 a_0的计算公式如下：

$$a_0 = \lambda \mathrm{div} 90 - 4 \times ((\varphi - 90) \mathrm{div} 90) \tag{2-1}$$

上式适合除南北极点之外的任何区域，其中，div 是整除运算；λ 是经度值，从-180°到+180°；φ 是纬度值，从-90°到+90°。

现有文献中有代表性的球面三角形编码方案有：固定方向编码(Goodchild, Yang, 1992)；ZOT(Zenithial Ortho Triangular)编码(Dutton, 1989)；LS 编码(Lee, Samet, 1998)。

(2)等经纬度格网数据的组织

在等经纬度格网中，同一层格网的分辨率(即经纬跨度)相同，相邻层的分辨率之间是 2 倍关系。经纬度格网的数据实际上是经纬网点阵列，每一个格网与其相邻格网之间的拓扑关系隐含在该阵列的行列号之中。根据格网的行列号和分辨率，经过简单运算即可算出任意格网点的地理坐标，反之亦然。等经纬度格网结构简单，操作方便，借助于压缩算法，其存储效率也很高，因而非常适合于大范围的，多分辨率的空间数据的组织与管理，被广泛应用在工程领域中。

全球地理坐标经度范围为[-180°, +180°]，纬度范围为[-90°, +90°]，此范围以外的坐标值均视为无效值；第 $k+1$ 层格网的分辨率为第 k 层格网的 2 倍；每层的横向和纵向格网数比为 2∶1，且第 0 层的分块数为 2×1，易知，第 k 层的分块数 $= 2^{k+1} \times 2^{k}$，格网块的编码顺序是由左到右，由上到下。

容易求得在第 k 层，一个经纬度坐标落在哪一个网格内，以及一个网格的经纬度范围，具体来说，已知经度 λ 和纬度 φ，它在第 k 层中所属网格的行列号可通过公式计算而来：

$$\mathrm{ROW_{NO}} = \lfloor (2^{k}(\varphi + 90.0))/90.0 \rfloor \bmod (2^{k}) \tag{2-2}$$

$$\mathrm{COL_{NO}} = \lfloor (2^{k}(\lambda + 180.0))/90.0 \rfloor \bmod (2^{k+1}) \tag{2-3}$$

式中，$\lfloor\ \rfloor$是向下取整数运算符；mod 是取模运算符；λ 是经度值，从-180°到+180°；φ 是纬度值，从-90°到+90°；k 是层号，从 0 开始。

4. *无缝空间数据应用系统*

目前，空间信息正在经历从行业领域进入公众领域的一次革命，工业界推出了多个虚拟数字地球系统，以无缝地集成、表现和分析大范围甚至全球的海量空间数据。

(1)Google Earth

Google Earth 是 Google 公司在 Keyhole EarthViewer 3D 的基础上发布的，用于组织、管理和可视化全球多尺度、多类型、海量空间数据的虚拟数字地球系统。Google Earth 界面如图 2-1 所示。该软件面向大众，易学好用。Google Earth 采用变经纬度格网，共 18 个层次，经度方向等间隔划分，从-180°到+180°；纬度方向则是在通用横轴墨卡托投影，投影之后再做等间隔划分，从-80.05°到+80.05°，两极地区特殊处理。Google Earth 的优势在于其运用了独创的 Google File System(GFS)和 BigTable 技术。基于上述两项技术，Google Earth 服务器能够运行于大量廉价的普通硬件之上，为大量的用户提供总体性能很高的网络空间数据服务。

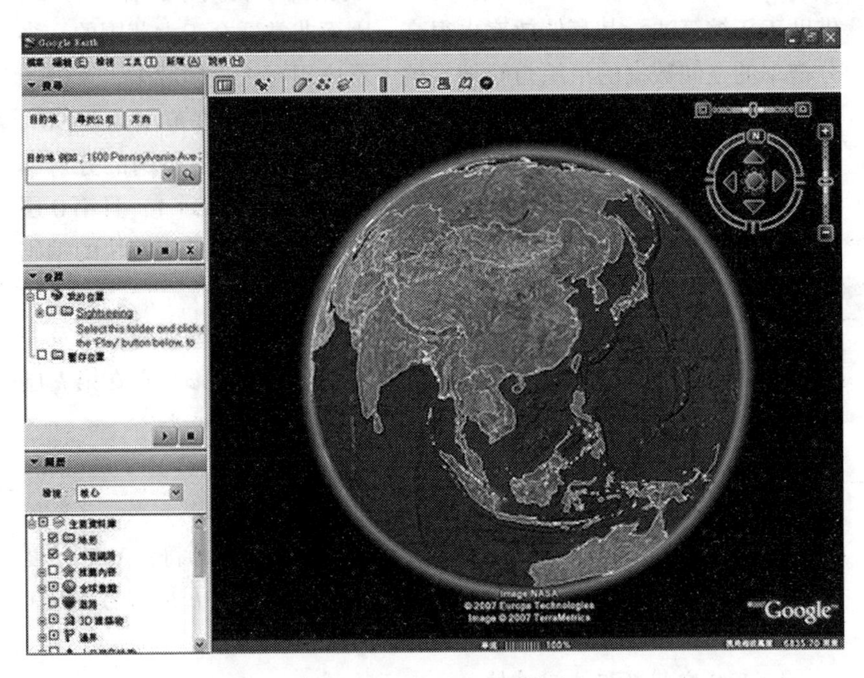

图 2-1　Google Earth 界面

(2) World Wind

World Wind 是美国航天服务局(National Aeronautics and Space

Administration，NASA）推出的空间数据三维可视化系统，是一款免费开源的软件，对外发布 NASA 和 USGS 采集的空间数据，第三方可通过 WMS 服务在 World Wind 上发布影像资料。World Wind 把逻辑上相关的影像或者地形组织成一个数据集，其第 0 层分辨率可以是任意合理的值，采用等经纬度方法进行递归细分。可视化时以影像格网为中心，为每一个落在视野范围之内的影像网格实时构造地形三角网。World Wind 的最大优势在于它是完全开放源代码的。World Wind 界面如图 2-2 所示。

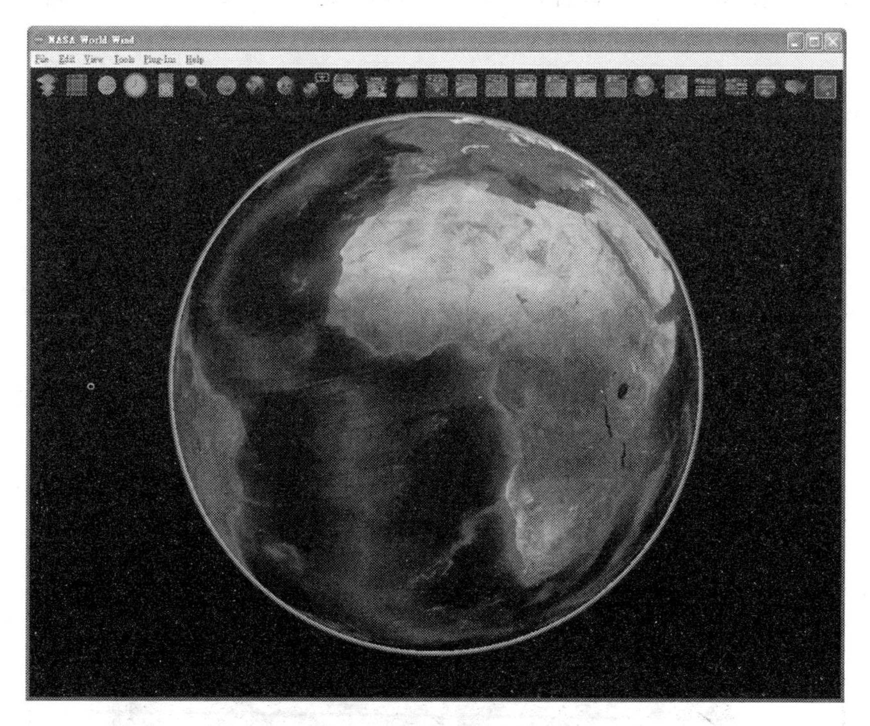

图 2-2　World Wind 界面

(3) GeoGlobe

GeoGlobe 是由武汉大学测绘遥感信息工程国家重点实验室自主研发的，用于组织与管理全球海量空间数据的原型平台，并基于网络，为本地或异地用户提供大范围空间数据的三维可视化，查询和分析等功能。GeoGlobe 通过对全球海量的多数据源、多分辨率、多尺度和多时相的矢量数据、影像数据、地形数据和三维城市模型数据进行高效的分布式组织与管理，从而实现任何人、任何时候，在任何地点，通过网络环境，以任意高度和任意角度动态地观察地球的任意一个角落，给用户一种身临其境的感觉。GeoGlobe 采用等经纬度格网，分为影像和地形两类：影像格网第 0 层的分辨率是 18 度，全球有 10 行 20 列；而地形格网第 0 层的分辨率是 20 度，全球有 9 行 18 列。模型数据和矢量数据同样被组织成行列结构，并同某一分辨率的影像格网关联。GeoGlobe 界面如图 2-3 所示。

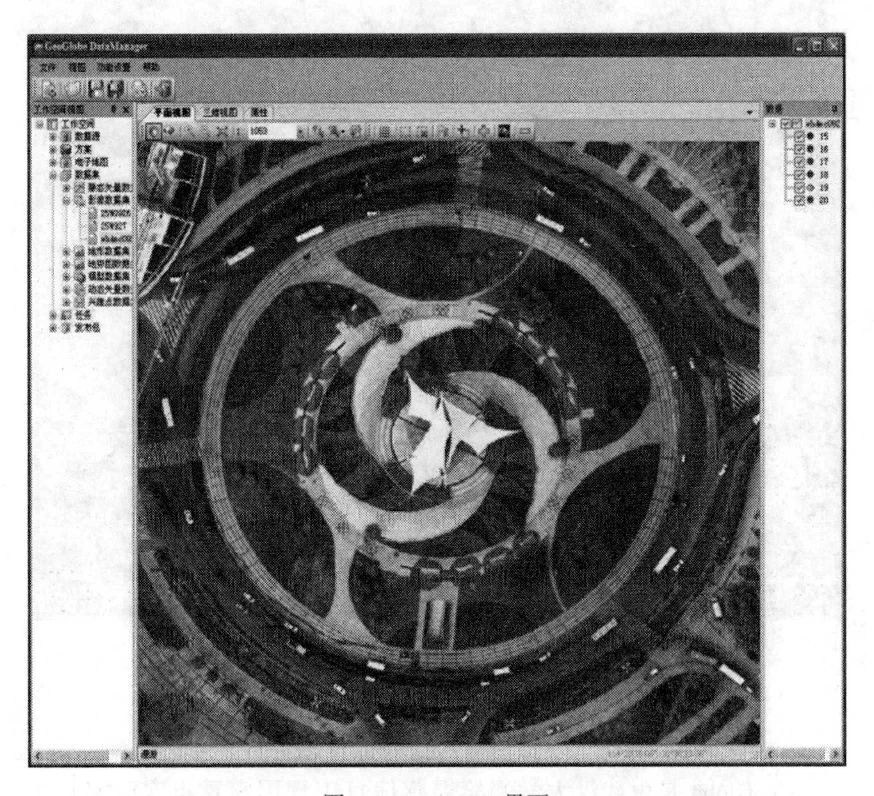

图 2-3　GeoGlobe 界面

2.2 遥感图像数据的网络服务模式

海量遥感图像数据在数字地球(Digital Earth)建设中有非常重要的地位，研究如何在Internet上发布遥感图像信息从而为各种应用提供图像信息服务是一个重要而又十分迫切的问题，具有很强的现实意义。目前，国内对于图像网络访问的研究还主要集中在遥感图像的发布，图像数据的组织主要是基于文件系统或基于数据库方式或混合方式，网络结构上多采用B/S(Browser/Server)模式，但这些方法在多尺度、多分辨率的海量遥感图像数据处理、多用户请求和系统可移植性、可伸缩性等方面存在不足，不能完全满足分布式应用需求(陈静，等，2004)。

2.2.1 WebGIS

WebGIS是Internet技术应用于GIS开发的产物，它是以互联网为环境，以Web页面作为GIS软件的用户界面，把Internet和GIS技术结合在一起，通过Web扩展GIS功能，为各种地理信息应用提供GIS功能的一项技术。WebGIS具有全球化的客户/服务器应用、大众化的GIS、良好的可扩展性以及跨平台等特性。典型的Web GIS产品有：MapInfo公司的MapInfo ProServer和MapX Site、Intergraph公司的GeoMedia Web Map、ESRI的Internet Map Server (IMS) for ArcView&MapObjects、Autodesk公司的MapGuide、Bently公司的Model Server Discovery等。

WebGIS的一般结构如图2-4所示：服务器端包含GIS数据库、应用服务器和Web服务器，主要负责空间数据的组织管理、数据服务请求和响应、完成用户请求的相应操作并回送结果；客户端负责接收用户请求和回显查询结果。

当前构建WebGIS的方案主要有三种：基于服务器的技术、基于客户端的技术和基于服务器/客户端的混合技术。WebGIS的信息内容涉及信息组织、信息交互、信息表达、综合分析、数据安全及开放性等多个方面。WebGIS的实现模式有CGI (Common Gateway

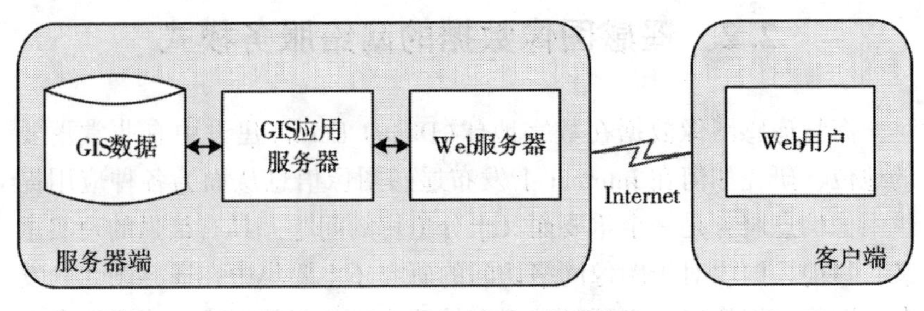

图 2-4　WebGIS 的一般结构

Interface)模式、Plug-in 模式(含 Helper 程序)、GIS Java Applet、GIS ActiveX 控件等。

2.2.2　C/S 和 B/S 模式

目前，空间数据网络服务模式主要有两种：客户端/服务器(Client/Server，C/S)模式和浏览器/服务器(Browser/Server，B/S)模式。C/S 模式下，数据处理往往在 C 端进行和完成，数据处理速度快、效率高。但如何在 C、S 两端建立实时通信机制，从而保持数据实时同步，保持数据库的完整性、统一性和唯一性成为难题，这也增加了工作人员进行升级维护和管理的成本。该模式下在数据层面上，不同服务器与对应客户端之间没有统一的交换标准，同时服务面向特定应用需求，任务比较繁琐。总体来讲 C/S 模式存在以下问题：软件的移植性、可重用性、互操作性差；软件维护成本高；难以管理大量客户端；网络负载大(C 端和 S 端需要大量数据传输)等。图 2-5 为 C/S 应用模式。

随着 Internet 技术的发展，网络系统应用由 C/S 模式转向更加灵活的 B/S 模式。图2-6为 B/S 应用模式。在该应用模式下，客户端只需要安装一个浏览器，所有应用程序的部署、升级和维护均在服务器端进行，这虽然给用户带来了极大方便，降低了维护升级成本，但是该模式下一般以网页为单位进行数据提交，造成数据动态交互性不强，界面可操作性及三维表现性差，同时网络开销也非常大。另外，

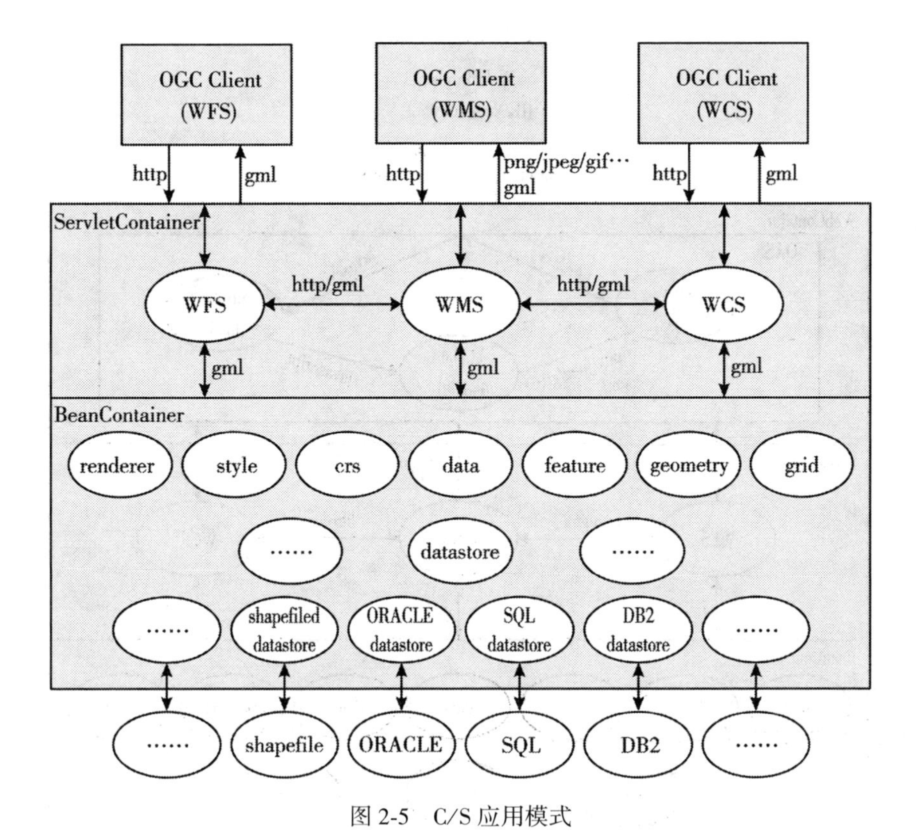

图 2-5 C/S 应用模式

用户无法充分利用客户端的硬件性能，应用程序更多地依赖于应用服务器的性能。B/S 模式下提供一些类似 Ajax、JavaScript、ActiveX 等插件技术不能完全缓解服务器端的压力。随着用户数量和需求的增长，其应用程序处理的数据量越来越大，尤其是海量空间数据的快速增长，B/S 应用模式越来越不能满足应用需求，WebGIS 是 B/S 应用模式的典型代表。

2.2.3 空间信息网络服务 G/S 模式

信息系统的结构经历了由 C/S 模式到 B/S 模式的发展，两种服务模式各有优缺点，并且在处理海量空间数据时都不理想，随着各种

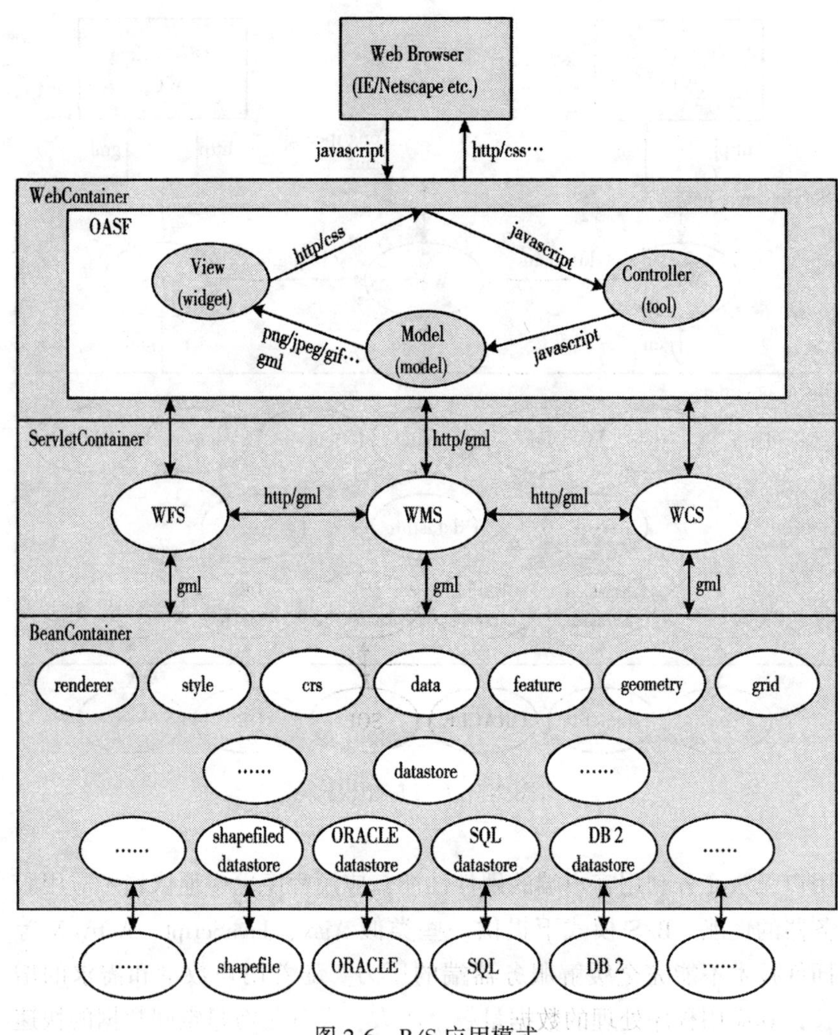

图2-6　B/S应用模式

数字地球平台(Digital Earth Platform，DEP)的出现，空间信息的应用越来越趋向于C/S和B/S的混合应用。苗放等人(2007)提出了一种全新的空间信息网络访问模式——地学信息浏览器/分布式空间数据服务器群(Geo-information browser / Spatial data servers，G/S)模式。

G/S 模式利用地学信息浏览器提供对海量空间数据的网络服务，属于多层网络架构，其结合了 C/S 和 B/S 的优势，把B/S模式下需要服务器端处理的计算复杂度转移到客户端处理，减轻了服务器的压力，同时还提供了对多种协议的支持。G/S 模式虽然是因空间信息技术这一特殊领域而产生，但由于其技术先进性和应用领域的广泛性，必将在各个领域发挥强大功能和重要作用。

地学信息浏览器是以空间位置为信息组织方式的新一代网络浏览器，涵盖目前 Web 浏览器的全部功能，具有空间矢量模型重建、三维图形互操作等新功能，以空间位置为信息组织方式，是能够进行空间数据浏览、查询与检索的服务终端。

分布式空间信息服务器群是在地学信息浏览器的支持下，提供文本、图片、多媒体等信息浏览服务，实现矢量和栅格数据一次下载、多次建模显示等功能，并提供基于空间位置和内容等多种查询搜索方式及空间分析功能的分布式服务器集群。

2.3 图像特征描述与提取

2.3.1 颜色特征

在基于内容的图像检索系统中，颜色作为图像的一种重要视觉信息，因其具有与图像中所包含的物体或场景强相关，对图像本身尺寸、方向、视角的依赖性小等特点而被广泛应用于图像检索（刘忠伟，章毓晋，2000；庄越挺，等，2002）。利用颜色特征进行检索的方法主要基于直方图（Yoo, et al., 2007; Belozerskii, Oreshkina, 2010; Shailendra, 2009; Jongan, et al., 2007），如直方图相交法、比例直方图法、距离法、参考颜色表法和聚类算法、累加直方图法、HSI 中心矩法。目前有许多基于颜色的图像检索算法被提出并得到应用（Chang, Lu, 2005; Rotaru, et al., 2008; Li, Shen, 2009; Gashnikov, et al., 2009；王涛，等，2002；孙君顶，等，2005；冯玉才，等，2006；黄元元，何云峰，2007）。如何选择合适的颜色模型、确定表达图像颜色信息的特征及定义两个图像特征间相似度标准是利用颜色特征检索的关键问题。

1. 颜色模型

颜色模型可分为面向硬设备的彩色模型和面向视觉感知的彩色模型，如图 2-7 所示。其中面向硬设备的颜色模型又可分为 RGB(Red, Green, Blue)模型、CMY(Cyan, Magenta, Yellow)模型、$I_1I_2I_3$ 模型、归一化颜色模型、彩色电视颜色模型；面向视觉感知的颜色模型可分为 HSI(Hue, Saturation, Intensity)模型、HCV(Hue, Chroma, Value)模型、HSV(Hue, Saturation, Value)模型、HSB(Hue, Saturation, Brightness)模型、$L^*a^*b^*$ 模型(章毓晋，2006)。

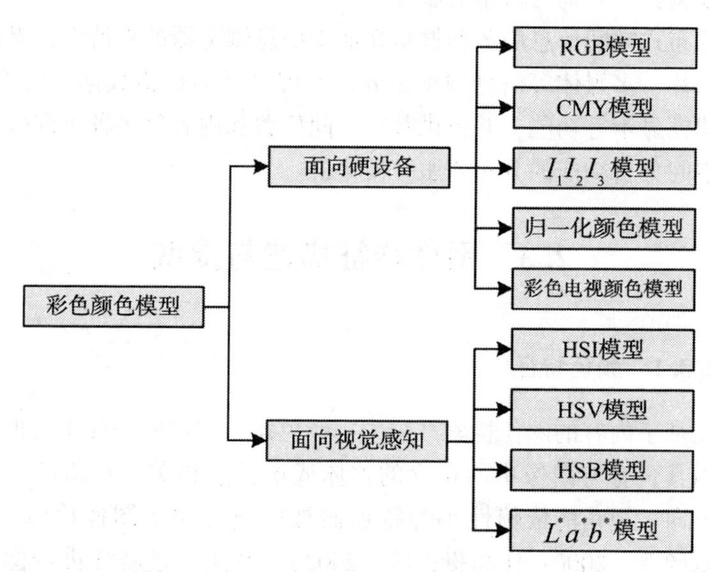

图 2-7　彩色颜色模型分类

实际应用中应根据不同情况使用不同的颜色模型。在图像检索中，主要采用的颜色模型有 RGB、HSI、HSV、$L^*a^*b^*$ 等。下面主要针对 RGB 和 HSI 颜色模型进行介绍。

(1)RGB 颜色模型

RGB 模型是一种面向硬设备的颜色模型，该模型是一种与人的视觉系统结构密切相关的模型，根据人眼结构，颜色可以看作三个基本颜色(红、绿、蓝)的不同组合。这三种基本色的波长分别为700nm、546.1nm、435.8nm(International Commission on Illumination, CIE,国际照明委员会)。RGB采用加法混色法,因为它是描述各种"光"通过何种比例来产生颜色,光线从暗黑开始不断叠加产生颜色,RGB描述的是红绿蓝三色光的数值。

RGB模型可以建立在笛卡儿坐标系统中,三个轴分别为R、G、B。在RGB模型中使用0到1之间的非负数作为立方体的坐标值,将原点(0,0,0)作为黑色,强度值沿坐标轴方向递增到达位于对角线(1,1,1)处的白色。一个RGB组合(r,g,b)表示一个给定颜色的点在立方体内部、表面或者边上的三维坐标。这种表示方法使得在计算两个颜色相近程度时只需简单计算它们之间的距离,距离越短颜色越接近。其三维立方体如图2-8所示。

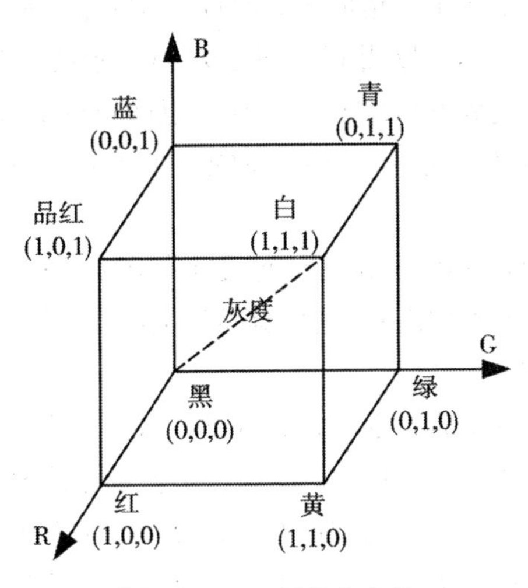

图2-8 RGB彩色立方体

(2)HSI颜色模型

HSI(Hue, Saturation, Intensity)颜色模型是从人的视觉系统出发,用色调、色饱和度和亮度来描述色彩。色调和饱和度用来表示颜色的类别与深浅程度,统称为色度。HSI颜色模型可以大大简化图像分析和处理的工作量。由于人的视觉对亮度的敏感程度远远强于对颜色浓淡的敏感程度，所以HSI颜色模型比RGB颜色模型更符合人的视觉特性。为了便于色彩处理和识别，在图像处理和计算机视觉等领域中，大量的算法都是在HSI颜色模型中方便地使用，并且它们可以分开处理且相互独立。

HSI颜色模型在许多处理中有其独特的优势。在HSI颜色模型中，亮度分量和色度分量是分开的，I 分量与图像的彩色信息无关；色调 H 和饱和度 S 互相独立并与人的感知紧密相关。这些特点使得HSI颜色模型非常适合基于人的视觉系统对彩色感知特性进行处理分析的图像检索算法(Zhang, Xu, 1999)。

HSI颜色模型中的颜色分量可以定义在三角形中，如图2-9(a)所示。对三角形中的任意一个色点 P，其 H 值对应指向该点的矢量与 R 轴的夹角。该点的 S 值与指向该点的矢量长成正比。I 值是沿一根通过三角形中心并垂直于三角形平面的直线来测量。如果将HSI三个分量构成3-D颜色模型，则得到如图2-9(b)所示的双棱锥结构。该结构外表面上的点代表纯的饱和色，任一点颜色的 H 值由该点和中心的连线与中心到 R 点连线间的夹角决定，该点的 I 值可用与最下黑点的距离来表示。

HSI颜色空间和RGB颜色空间之间存在着转换关系，因为它们只是同一物理量的不同表示方法(其转换关系详见第3章)。

2. 颜色量化

颜色量化可定义为确定一组颜色以表示图像的颜色空间，然后确定从颜色空间到选定颜色集合的映射。颜色量化技术可分为均匀和非均匀量化两种。常用的颜色量化方法有统一量化方法、流行色量化方法、中位切割量化方法、颜色对聚类量化方法、基于八叉树结构的色彩量化方法、基于方差分析的颜色量化方法、顺序标量量化方法、二叉分割算法等(周明全，等，2007)。

3. 颜色特征表达

(1)颜色直方图

颜色直方图反映的是图像中颜色的组成分布，即出现了哪些颜色以及各种颜色出现的概率，Stricker和Swain(1994)最先提出了使用颜

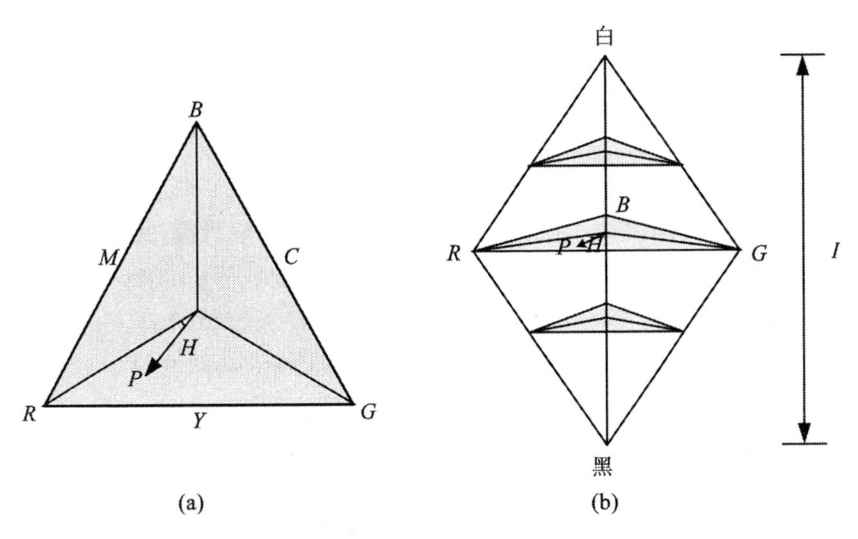

图 2-9 HSI 颜色三角形和 HSI 颜色实体

色直方图作为图像颜色特征的表示方法。颜色直方图具有旋转不变性(rotation invariance)和缩放不变性(scale invariance)，颜色直方图对于图像质量变化不敏感。颜色直方图适合于检索图像的全局颜色相似性，即通过比较颜色直方图的差异来衡量两幅图像在颜色全局分布上的差异。

对于给定的图像 $I[x, y]$，X、Y 分别为图像的宽度和高度，颜色直方图可由下式定义：

$$h_c[m] = \sum_{x=0}^{X-1} \sum_{y=0}^{Y-1} \begin{cases} 1, & Q_c(T_c I[x, y]) = m \\ 0, & \text{其他} \end{cases} \tag{2-4}$$

(2) 累加颜色直方图

当图像中的特征不能取遍所有可取的值时，在统计直方图中会出现一些零值。这些零值的出现会影响相似性度量的计算，从而使得图像之间的相似性度量不能正确反映其颜色差别。为了解决该问题，在全局直方图的基础上，Orengo(1995)提出累加颜色直方图的概念。

给定一幅图像 I 的颜色直方图 H，累加颜色直方图如下式：

$$\widetilde{H}(q)=[\widetilde{h}_1, \widetilde{h}_2, \cdots, \widetilde{h}_n] \tag{2-5}$$

式中，$\widetilde{h}_i=\sum_{C_j \leqslant C_i} h_j$，$C_j$ 和 C_i 代表 H 中第 j 个和第 i 个索引的颜色值。

(3)模糊颜色直方图

模糊直方图(Fuzzy Color Histogram，FCH)已经广泛应用于图像检索中(Han，Ma，2002；Amine，et al.，2007；曹奎，等，2001；Chen，et al.，2007；韦娜，等，2005a)，研究表明该方法较传统直方图方法(Convensional Color Histogram，CCH)更具稳健性和高效性。

给定一个包含 n 个颜色索引的颜色空间，图像 I 包含 N 个像素，则图像 I 的模糊颜色直方图 $F(I)=[f_1, f_2, \cdots, f_n]$，其中

$$f_i=\sum_{j=1}^{N} \mu_{ij} P_j=\frac{1}{N} \sum_{j=1}^{N} \mu_{ij} \tag{2-6}$$

式中，P_j 表示从图像 I 中任选一像素为像素 j 的概率。μ_{ij} 代表第 j 个像素对于第 i 个颜色索引的隶属度函数。

(4)二值颜色集

二值颜色集是一个二值向量，用来定义图像或图像区域的颜色集合 $\{m\}$。阈值使得直方图中的每一个值转化为两个可能的等级之一，而二值颜色集就等价于阈值化的直方图。设 B^M 为 M 维的二值空间，其中的每一维对应一个颜色，相应的索引为 m，为颜色 m 给定阈值 τ_m，相应的二值颜色集如下式：

$$B_c[m]=\begin{cases}1, & h_c[m] \geqslant \tau_m \\ 0, & \text{其他}\end{cases} \tag{2-7}$$

(5)颜色矩

颜色矩(color moments)是一种简单而有效的颜色特征，其数学基础是图像中任何颜色分布都可以用它的矩来表示，该方法是由 Orengo(1995)提出的。由于颜色分布信息主要集中在低阶矩中，因此，仅采用颜色的三阶矩(skewness)、二阶矩(variance)和一阶矩(mean)就足以表达图像的颜色分布，与颜色直方图相比，该方法无需对特征进行量化。

颜色三个低阶矩的数学表达形式如下：

$$\mu_i = \frac{1}{n}\sum_{j=1}^{n} h_{ij} \tag{2-8}$$

$$\sigma_i = \left(\frac{1}{n}\sum_{j=1}^{n} (h_{ij} - \mu_i)^2\right)^{\frac{1}{2}} \tag{2-9}$$

$$s_i = \left(\frac{1}{n}\sum_{j=1}^{n} (h_{ij} - \mu_i)^3\right)^{\frac{1}{3}} \tag{2-10}$$

式中，n 表示灰度级数，h_{ij} 表示第 i 个颜色通道分量中灰度为 j 的像素出现的概率。

(6)颜色关联图

颜色关联图(color correlograms)利用图像中像素间的颜色关系来描述图像颜色空间分布(Lei, 2009; Zhao, Tao, 2007; Williams, Yoon, 2007)。颜色关联图表示像素对随距离大小呈现的分布状态。图像 I 的颜色关联图可定义为：

$$\gamma_{c_i, c_j}^{(k)}(I) \triangleq P_r[p_2 \in T_{c_j},\ |p_1 - p_2| = k \mid p_1 \in T_{c_i}] \tag{2-11}$$

式中，k 表示像素间距，d 表示所取间距的个数，i, $j \in [m]$。

如果考虑到任何颜色间的相关性，颜色关联图就会变得非常复杂和庞大，一种简化的方法是颜色自关联图(color auto-correlograms)，它仅仅考虑相同颜色像素间的空间关系更易于计算，可定义为：

$$\alpha_c^{(k)} \triangleq \gamma_{c, c}^{(k)}(I) \tag{2-12}$$

(7)颜色一致向量

Kim 等人(2005)针对颜色直方图和颜色矩等方法无法准确描述图像颜色的空间分布信息这一缺点，提出了颜色一致向量(Color Coherence Vector, CCV)的方法。基本思想是将属于颜色直方图中每一区间内的像素分为两部分，分别是聚合像素和非聚合像素：聚合像素是指该区间内的某些像素所占据的连续区域面积大于给定的阈值，否则作为非聚合像素。可用下式来描述颜色一致向量：

$$H_{\mathrm{CCV}}(M) = [(\alpha_1, \beta_1), (\alpha_2, \beta_2), \cdots, (\alpha_n, \beta_n)] \tag{2-13}$$

式中，α_j 代表颜色为 j 的一致性像素个数，β_j 为不一致性像素个数。由于颜色聚合向量包含了图像颜色的空间分布信息，因而该方法相对于颜色直方图有更好的检索效果。

其他还有诸如空间颜色直方图(Spatial Chromatic Histograms, SCH)(Cao, Feng, 2002; Ciocca, et al., 2002)、颜色熵(Zachary, 2000)等表达方法。

2.3.2 纹理特征

纹理是图像中一个重要而又难以描述的特性。纹理特征是所有物体表面所共有的内在特性，是对局部区域中像素之间关系的一种度量，它刻画了邻域像素灰度的空间分布规律，包含了关于物体表面组织结构排列的重要信息以及它们与周围环境的联系(Hanmandlu, et al., 2005)。目前对于纹理特征的研究很多，常见的纹理表达和描述方法有统计法、结构法、频谱法(章毓晋，2005)。

(1)统计法

利用对图像灰度分布关系的统计规则来描述纹理被称为统计方法，统计模型比较适合描述自然纹理的平滑、规则、稀疏等性质。基于灰度共生矩阵(薄华，等，2006)(grey level co-occurrence matrix)和分形理论的纹理描述是其中常见的方法。Ursula 和 Francis(2007)、Xu 等人(2009)把分形模型用于纹理图像的描述；一些学者将分形用于纹理分类(Berke, 2010; Flores-Tapia, et al., 2009)，以分数维来描述图像区域的纹理特征，其中差分盒计数算法是一种简单、快速、精度高的分形维数计算方法，还有扩展分形特征等。

(2)结构法

结构方法根据一些描述几何关系的规则来描述纹理基元。基于认知心理学和人类对纹理的视觉感知的研究，Tamura 等人(1978)提出了相应的纹理特征表达，其纹理特征的6个分量分别对应于心理学角度上纹理特征的6种属性：粗糙度(coarseness)、方向性(directionality)、对比度(contrast)、规整度(regularity)、粗略度(roughness)和线性度(line likeness)。

(3)频谱法

频谱方法利用傅里叶频谱的分布，特别是频谱中的高能量窄脉冲来描述纹理的全局周期性质。常用的方法有傅里叶频谱(Feng, et al.，2007；韦娜，等，2005a；韦娜，等，2005b）、Gabor 频谱（韦娜，等，2005b）等。此外，Ojala 等人（2002）提出了纹理谱方法（Local Binary Patterns，LBP），并把该算法与 Gabor 变换、共生矩阵等算法进行比较分析。

2.3.3 形状特征

形状特征是图像目标的一个显著特征，通常与图像中的特定目标对象有关，包含一定的语义信息，是比颜色特征和纹理特征更高一层的特征，利用形状特征可提高检索的准确性和效率。形状特征可用轮廓特征和区域特征来表示。轮廓是从图像中提取的目标边缘，图像的轮廓特征只用到物体的外边界，而图像的区域特征则关系到整个形状区域。形状特征描述分类如图 2-10 所示。

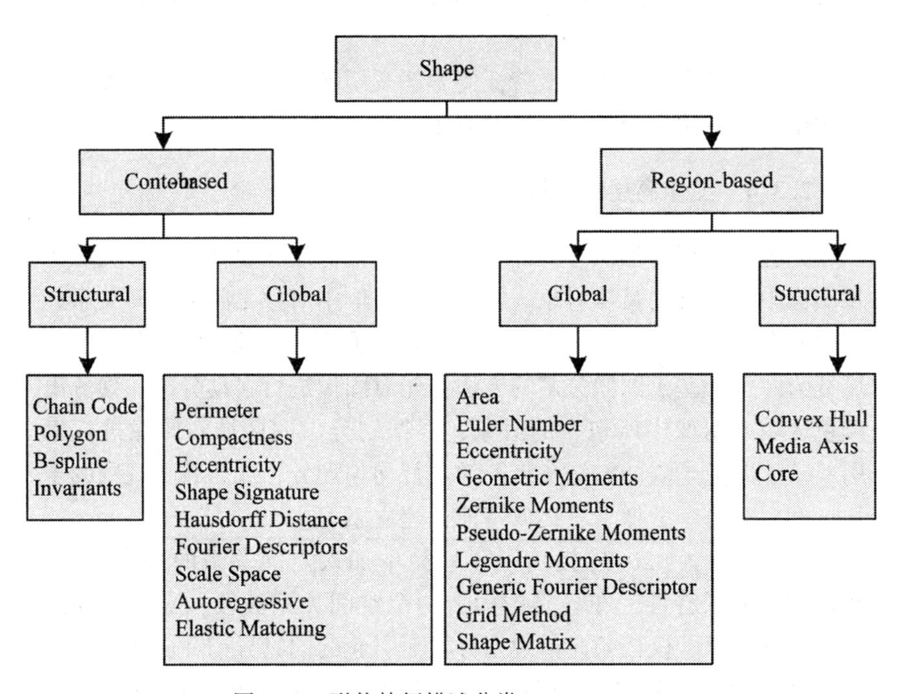

图 2-10 形状特征描述分类（Zhang，2002）

基于边界的形状特征提取用链码、周长、圆形性、形状数、紧密度、兴趣点、角点等来描述物体的形状。一般可用来识别差异较大的形状，大多用于初步过滤或与其他形状特征结合起来使用。常见的方法有链码表示法(Sun, Wu, 2007)、基于网格方法(Shahabi, Safar, 2007)、距离直方图(Fan, 2001)、边界方向直方图(Riklin-Raviv, et al., 2008)、边界矩(Casciola, et al., 2010)、傅里叶描述子(Çapar, et al., 2009)，等等。基于边界特征的方法能够较好地处理图像中的局部相似问题，但计算复杂度较高，且容易忽略图像中的全局形状特征，从而影响最后的检索效果。

基于区域的形状特征表示方法将区域形状看作一个整体，有效地利用区域内的所有像素，描述区域像素的统计分布特征，从而受噪声和形状变化的影响相对较小。最普遍的描述方法是基于矩的方法(樊亚春，等，2004)、Generic 傅里叶变换(Abdulkerim, et al., 2009)、小波变换(周焰，等，2003)等。

此外，结合边界和区域特征的方法及用颜色特征进行基于形状的图像检索等方法也得到了广泛的应用。

2.3.4　图像高层特征提取

颜色、纹理和形状等特征反映的是图像低层和整体特征，无法体现图像中所包含的具体对象。实际上，图像中对象之间的空间关系和对象所在的位置也是图像内容检索中非常重要的特征。空间关系特征可分为两类，基于图像分割的方法：先对图像进行自动分割，划分出颜色区域或图像中所包含的对象，根据划分出的区域对图像进行索引；基于图像子块的方法：将图像进行均匀划分，成为若干规则的子块，然后对每个图像子块提取特征，建立索引。

赵红蕊等人(2003)提出了一种简单加入空间关系的分类方法，利用空间关系特性，在分类中构造两个空间关系波段，实现空间约束，部分消除了仅依赖光谱数据分类而引起的同物异谱和同谱异物造成的分类错误，验证了空间关系在分类中的重要性；叶齐祥等人(2004)提出了一种融合颜色和空间信息的彩色图像分割算法，根据颜色粗糙度概念对图像进行颜色量化，并在此基础上采用增量式的区域生长算法发现颜色相近的像素之间的空间连通性，形成图像的初始分割区域，根据融合了颜色和空间信息的区域距离，对初始分割区域进行分级合并。

图像简单视觉特征和用户检索丰富语义之间存在“语义鸿沟”，语义图像检索是解决该问题的关键。王崇骏等人(2004)利用 Bayes 统计学习和决策理论，建立了一种图像语义综合概率描述模型(Image Probability Semantic Model, IPSM)，并在 IPSM 模型对图像的语义分类特征进行描述和提取的基础上，提出并实现了基于高层语义的图像检索算法以及基于高层语义的相关反馈算法。鲍永生等人(2005)首先在低层视觉特征上提取图像的主要颜色，然后利用语义网络建立低层视觉特征和高层语义特征之间的关联，把相关反馈引进到图像检索系统中。陆丽珍(2005a，2005b)针对语义图像检索存在的问题，结合遥感图像总可以通过一定的坐标转换方法与地理坐标关联的特点，提出了基于 GIS 语义的遥感图像检索方法。梁栋等人(2006)提出了一种基于非负矩阵分解的隐含语义索引模型用于图像检索，应用训练算法构造了一个语义空间，将查询图像和原型图像都投影到该空间以获得语义特征，在此空间中进行相似性度量，并将距离最近的图像返回给用户。刘洁敏等人(2008)提出了一种基于局部颜色-空间特征的图像语义概念检测方法，利用语义概念层的先验知识进行特征降维，然后进行提取特征。

2.3.5 综合多特征提取

综合特征检索就是综合图像的颜色、形状、纹理、空间位置等特征表示，计算图像的特征向量，各个特征之间对应不同的权重，用户可根据需要进行调整，以适应不同的情况。目前，许多学者提出了不少基于多特征的图像检索方法，下面做简要介绍。

在综合颜色和形状特征方面，Lee 和 Yin(2009)提出了一种提取和综合颜色、形状特征的高效图像检索方法；Prasad 等人(2004)提出了一种综合颜色、形状和位置关系的图像检索方法；欧阳军林和夏利民(2007)提出了新的用二值信息来表示图像的主色、全局色和形状特征的方法，并由此特征构造两个过滤器快速地过滤图像库中明显不相同的图像，以提高检索速度，采用改进的颜色直方图和形状基本特征进行相似度计算，并引入相关反馈机制，提出一种动态调整两幅图像相似度中颜色特征和形状特征的权值系数的方法，提高了检索效率。

Lu 等人(2006)提出了一种融合颜色、纹理特征的基于区域的图像内容检索方法。董卫军等人(2005)提出了一种新的基于形状和空间关系综合特征的图像检索方法，通过对图像进行小波变换，获得形状和空间关系的综合特征，对综合特征进行归一化处理，并将其作为图像相似性的衡量依据。

杨杰等人(2007)提出了一种基于小波的形状和纹理联合特征的图像分类方法。先对图像进行二维小波变换以得到边缘图像，再提取边缘图像的 7 个边界不变矩组成图像的形状特征向量，对图像去除其背景，然后在灰度共现矩阵的基础上，计算 5 个二次统计量作为其纹理特征，最后联合形状和边缘特征向量，并对其进行高斯归一化，用 SVM(Support Vector Machines)进行分类。董卫军等人(2004)通过对图像进行小波变换，获得纹理和形状的综合特征，对综合特征进行归一化处理，并将其作为图像相似性的衡量依据。

2.4　图像检索的相似性度量方法

图像检索中的相似性度量主要是指图像特征匹配的计算，特征匹配的基础在于如何计算空间实体的相似性(Zhang, et al. , 2002)，匹配大致可分为完全匹配和相似性匹配。完全匹配是指两个图像的特征完全相同。而相似匹配是指两个图像的特征间的距离小于某一个阈值。在基于内容的图像数据库检索中，很少采用传统数据库中的完全匹配，大多采用建立在图像特征度量基础上的相似性匹配。相似性度量建立在图像内容基础之上，是图像内容检索技术中的关键、核心问题，用于度量两幅图像(特征)的相似程度。其度量方法依赖于底层图像特征，具体模型有很多，有基于距离的度量方法、基于粒计算的相似性度量方法等。

距离度量方法将图像的特征看作是坐标空间中的点，点与点之间的接近程度可用距离来表示，距离度量函数的定义通常要满足自相似性公理、最小公理、对称公理和三角不等式公理。设 A，B，C 为任意的特征向量，d 为距离函数，在通常情况下，距离度量函数应受以下 4 条公理的限制：

(1)自相似性公理

$$d(A, A)=d(B, B)=0 \tag{2-14}$$

(2)最小公理

$$d(A, B) \geqslant d(A, A)=0 \tag{2-15}$$

(3)对称公理

$$d(A, B)=d(B, A) \tag{2-16}$$

(4)三角不等式公理

$$d(A, C) \leqslant d(A, B)+d(B, C) \tag{2-17}$$

在实际应用中，所采用的相似度比较函数并不一定严格满足上述 4 条公理，往往只是满足上述公理的某个或某几个。

2.4.1 距离度量方法

A 为查询图像，B 为目标图像，a_i 和 b_i 分别代表两图像的特征分量。

(1)Minkowski 距离

$$D_p(A, B)=\left[\sum_{i=1}^{n}|a_i-b_j|^p\right]^{\frac{1}{p}} \tag{2-18}$$

如果 $p=2$，则 $D_2(A, B)$ 为欧氏(Euclidean)距离：

$$D_2(A, B)=\left[\sum_{i=1}^{n}|a_i-b_j|^2\right]^{\frac{1}{2}} \tag{2-19}$$

如果 $p\to\infty$，则 $D_\infty(A, B)$ 为切比雪夫(Chebyshev)距离：

$$D_\infty(A, B)=\max_{i=1}^{n}|a_i-b_i| \tag{2-20}$$

(2)直方图相交距(histogram intersection)

$$D_{hi}(A, B)=1-\sum_{i=1}^{n}\min(a_i, b_j) \tag{2-21}$$

归一化处理后：

$$D_{hi}(A, B) = 1 - \frac{\sum_{i=1}^{n} \min(a_i, b_j)}{\min\left(\sum_{i=1}^{n} a_i, \sum_{i=1}^{n} b_i\right)} \tag{2-22}$$

(3) χ^2 统计距

$$D_{\chi^2}(A, B) = \sum_{i=1}^{n} \frac{(a_i - m_i)^2}{m_i} \tag{2-23}$$

式中，$m_i = \frac{a_i + b_i}{2}$

(4) 二次式距离(quadratic distance)

二次式距离考虑了不同颜色之间的相似度，在 IBM 的 QBIC 系统中采用了二次距的方法来度量直方图的相似性(Flickner, et al., 1995)。

$$D_q(A, B) = (A - B)^{\mathrm{T}} M (A - B) \tag{2-24}$$

式中，$M = [m_{ij}]$，m_{ij} 表示直方图中下标为 i 和 j 的两种颜色之间的相似度，$m_{ij} = m_{ji}$，$m_{ii} - 1$。

(5) 余弦距

余弦距计算的是两个向量间方向的差异，定义如下：

$$D_{\cos}(A, B) = 1 - \cos\theta = 1 - \frac{A^{\mathrm{T}}B}{|A| \cdot |B|} \tag{2-25}$$

(6) Kullback-Leibler 距(K-L)

$$D_{KL}(A, B) = \sum_{i=1}^{n} a_i \log \frac{a_i}{b_i} \tag{2-26}$$

(7) Jeffrey 距

$$D_J(A, B) = \sum_{i=1}^{n} \left[a_i \log \frac{a_i}{m_i} + b_i \log \frac{b_i}{m_i} \right] \tag{2-27}$$

式中，$m_i = \frac{a_i + b_i}{2}$。

2.4.2 基于粒计算的相似性度量方法

有效的图像相似性度量方法是人们理解图像并进行图像信息挖掘、图像推理的基础之一，同时也是目前图像内容检索的关键技术之一。目前，国内外许多学者对此领域进行了深入研究，并取得了大量成果，但提出的图像内容相似性度量方法及检索系统距离成熟应用还存在一定的差距，基于这些度量方法的检索其效率和准确性都相当低（万华林，等，2002）。人类对图像感知的相似性度量和目前大多使用的距离度量有较大差异，这也是导致图像内容检索效果不理想的重要原因之一。如何寻找便于计算且更加符合人类感知特性的数学模型是提高图像检索性能的重要途径之一。

粒计算（granular computing）是一种基于问题概念空间划分的新的智能计算理论和方法，已经成为人工智能领域中一个重要的研究方向（Pawlak，1998；Yao，2001；Pedrycz，2007）。近年来，国内外诸多学者将粒计算理论应用于图像信息的粒化、图像压缩与图像分割技术中，取得了一些研究成果，但这些研究大多依赖于各自的研究领域，彼此之间一般相互独立，难以形成一个统一的粒计算理论模型，而且目前运用粒计算理论对图像相似性度量的应用研究也相对较少。如何运用粒计算理论，寻求合适的度量来刻画不确定图像信息之间的相似性，探求基于粒计算的图像检索相似性度量模型，提出有效的图像相似性度量方法是一个全新的研究角度。

2.5 检索方式及相关反馈机制

目前，图像内容检索主要采用以下几种方式：示例检索（retrieval by example）、浏览检索（retrieval by browser）、草图检索（retrieval by sketch）和选取区域检索（retrieval by area）。其中最为典型的是示例检索方式，即用户提供一个示例图像，系统返回与之相似程度较高的图像。几种检索方式均是将检索对象提取出可视特征向量，然后与特征向量库进行相似度量计算，从图像库中返回与检索对象最相似的一个或多个结果。

当前基于内容图像检索系统的查询结果并不能完全满足用户的要求，其原因主要有：人类对色彩的感知与计算机对色彩特征的表示、相似度定义存在一定差距；高层语义概念同低层特征之间的差距；在一些图像内容检索系统的多特征检索过程中，不同特征采用了不同的相似性度量方法，很难找到一个符合人对图像相似度感知的综合多特征的距离试题方法；人类感知具有主观性(韦娜，2006)。

目前研究热点之一是把人作为检索过程的一部分，如交互式数据库标注、交互式结合高层语义特征以求改进图像检索性能的方法等，相关反馈(Relevance Feedback，RF)机制就是交互式检索方法。Su 等人(2003)使用移动查询点方法来提高查询结果，将查询点移向好的范例点而远离坏的范例点来改进对理想查询点的估计。Leifman 等人(2005)提出一种基于监督或非监督特征提取技术的新颖相关反馈算法。Giorgi 等人(2010)提出一种新的相关反馈算法，该反馈技术基于简单尺度转换过程，且不需要先验学习和参数寻优。张磊等人(2001)提出了一种基于神经网络自学习的图像检索方法，即在检索阶段利用人机交互技术选出与检索图像相似的正例样本，然后构造出前向神经网络进行自学习，从而达到提高查询效果的目的。Laaksonen 等人(2001)提出把自组织图(Self-organising Maps，SOMs)用于图像内容检索的相关性反馈机制。张磊等人(2002)从机器学习的角度出发，提出了一种基于神经网络的相关反馈算法，用户可以标记出与查询图像相似的正例样本反馈给系统，然后由系统构造出前向神经网络并再次进行检索，以改进查询结果。曹奎等人(2002，2004)提出一种新的基于 GRA(Grey Relational Analysis)的相关反馈技术，它使用 GRA 来描述“例子图像”与“相关图像”之间的关系，据此自动更新查询向量与图像特征的权重，从而更准确地描述用户的查询需求。Zhou 等人(2005)提出了一种结合感兴趣区域(Region of Interest，ROI)的检测和相关反馈的新方法，这种基于 ROI 的方法比使用全局特征能更准确地描述图像内容，并且相关反馈能使系统性能更加适应人类感知能力。Hoi 等人(2006)提出了一种基于日志相关反馈的统一框架，这些集成到传统相关反馈方案的反馈数据有效记录了图像低层特征和高层概念的关系。Tao 等人(2006)提出综合 AB-SVM(Asymmetric Bagging SVM)、RS-SVM(Random Subspace SVM)的 ABRS-SVM 方法解决传统基于 SVM 的相关反馈方法性能较差的缺点。

2.6 检索算法的性能评价

基于内容的图像检索方法很多，在具体应用中，对于某个特定的图像库，需要采用一种或多种最有效的检索算法才能得到满意的结果。这需要对这些算法进行评价，比较不同方法的优劣，找出最佳算法。有效性评价可从人的主观感受和量化的角度来实施，主观感受不易把握，量化方法是较为直观、通用的评价方法，常用的有如下几种：

1. 查全率和查准率

假设 Q 为整个图像数据库，A 代表相关图像的集合，集合 B 代表检索出的图像，若有 $a+b+c+d=Q$，$a+c=A$，$a+b=B$，则

查准率：

$$P=p(A \mid B)=\frac{p(A \cup B)}{p(B)}=\frac{a}{a+b} \tag{2-28}$$

查全率：

$$R=p(B \mid A)=\frac{p(A \cup B)}{p(A)}=\frac{a}{a+c} \tag{2-29}$$

误检率：

$$F=\frac{b}{b+d} \tag{2-30}$$

2. 匹配百分比

设 N 为数据库中目标图像数，S 代表另一图像在检索结果中的排位，则衡量检索结果优劣的匹配百分比 M 定义为：

$$M=\frac{N-S}{N-1} \times 100\% \tag{2-31}$$

3. tau 系数

设 V_1 代表有序对个数，V_1 代表未按顺序排列的序对个数，V 代表总的可能的序对个数，则 tau 系数 H 定义为：

$$H=\frac{V_1-V_2}{V} \tag{2-32}$$

4. 相似性排序百分比

PSR(Percentage of Similarity Ranking)基于相似性矩阵 $\{Q_j(i, k)\}$，$Q_j(i, k)$ 代表查询图像 j 将图像 i 排在第 k 位的人数。计算每一行的均值 $\bar{p}_j(i)$ 和方差 $\sigma_j(i)$。设对于查询图像 j，图像 i 的返回位置是 $p_j(i)$，则相似性排序百分比 $S_j(i)$ 为：

$$S_j(i) = \sum_{k=p_j(i)-\frac{\sigma_j(i)}{2}}^{p_j(i)+\frac{\sigma_j(i)}{2}} Q_j(i, k) \tag{2-33}$$

$S_j(i)$ 值越高代表算法的准确率越高。

2.7 本章小结

本章介绍了空间数据内容检索的一些预备知识和关键技术，对相关技术的研究现状和热点进行了分析，主要内容包括：空间数据的组织与管理、空间数据的网络服务模式、图像特征的描述与提取、图像检索的相似性度量方法、相关反馈机制、查询方式及性能评价。通过本章的描述，能够从整体上了解空间数据内容检索的关键技术以及现存主要问题，为后续章节的展开及讨论作理论和技术的铺垫。

第 3 章　遥感图像聚类分割方法研究

图像分割是图像处理与机器视觉中必不可少的重要环节，也是图像理论发展的瓶颈之一(周明全，等，2007)。它是目标表达的基础，对图像的特征测量有重要影响。本章在总结遥感图像分割方法的基础上，针对遥感图像自身特点，探讨结合进化聚类的模糊 C 均值聚类分割方法的设计及实现，并进一步提出一种基于上述改进算法的遥感图像序列分割方法。

3.1　难点及意义

人们在对图像的研究和利用过程中，往往只对图像中的一些部分感兴趣，如目标、前景等，这些部分一般对应图像中的某些特定区域。为了辨识和分析这些部分，需要将这些特定区域提取出来，在此基础上才能对目标进行特征提取或测量等进一步利用，对于遥感图像来说亦即如此，这个过程即是图像分割，它是图像模式识别的 3 个阶段之一，如图3-1所示。

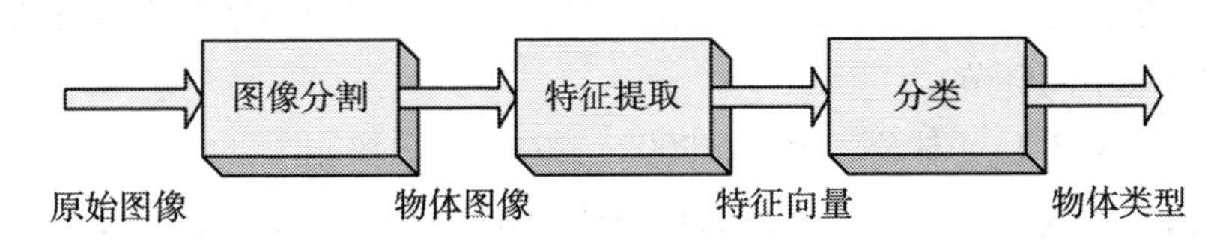

图 3-1　图像模式识别的 3 个阶段(Kenneth，2008)

在遥感图像内容检索、解译和处理过程中，首先要通过对遥感图像的分割，将图像划分成为内部特征相对均一而相互之间又有一定差异的一系列区域(又称特征基元、单元)。所谓特征基元，就是这样的基本空间单元，在单元内部有某种或某几种属性是相似或均质的。特征基元比像元具有更丰富的地学意义，以此为基础的地学分析可应用各种地学核心概念，如距离、方向特征、空间分布模式、多尺度等，同时以此为基础的语义知识表达、推理等也更符合人类的思维和推理机制，因而更具智能性(周成虎，等，2009)。遥感图像特征基元分割精确度和效果直接影响到后续目标识别的准确率，如何有效分割复杂背景下的特征基元，是整个内容检索或解译处理过程的关键问题。合理有效的图像分割能为基于内容的遥感图像检索、对象分析等抽取出有用信息，从而使高层的遥感图像解译成为可能。目前图像分割问题仍然没有得到很好的解决，如何提高遥感图像分割的质量和效率成为国内外学者研究的热点。

3.2　遥感图像分割方法概述

3.2.1　图像分割定义及研究进展

图像分割就是把图像分成各具特性的区域并提取出感兴趣目标的技术和过程。特性可以是灰度、颜色、形状、纹理等，目标可以对应于单个区域，也可对应于多个区域(章毓晋，2005)。通过图像分割，可得到图像内所包含的目标、特征及参数，从而将原始影像转化为更抽象、更紧凑的形式，使更高层的图像分析和理解成为可能(周成虎，等，2009)。在图像工程领域，图像分割是图像处理到图像分析的重要中间环节。

定义 3-1 (林瑶，田捷，2002)：对一幅图像 $g_i(x, y)(0 \leqslant x \leqslant x_{\max}, 0 \leqslant y \leqslant y_{\max})$ 进行分割就是将图像划分为满足如下条件的 N 个子区域 $g_i(x, y)$，$i = 1, 2, \cdots, N$：

① $\bigcup_{i=1}^{N} g_i(x, y) = g(x, y)$，整幅图像由所有子区域组成；

② $g_i(x, y)$ 是连通的区域，连通性是指在该区域内存在连接任意两点的路径；

③ $g_i(x, y) \cap g_j(x, y) = \varnothing (i, j = 1, 2, \cdots, N, i \neq j)$，即任意两个子区域不存在公共元素；

④区域 $g_i(x, y)$ 满足一定的均匀性条件，所谓均匀性(或相似性)是指区域内所有像素点满足灰度、纹理、颜色等特征的某种相似性准则。

各种类型的图像分割方法超过了一千多种，且近年来每年均有上百篇相关研究报道发表(章毓晋，2005)。根据分割所使用的方法不同，可将分割分为直方图阈值方法、区域增长方法、聚类方法、模糊方法、边缘检测方法、神经元网络统计学方法和物理方法等(林开颜，等，2005)。

直方图阈值方法(Orbanz，Buhmann，2008；Ni，et al.，2009；Kiy，2010)是一种被广泛采用的分割技术，包括单阈值分割和多阈值分割，用阈值方法分割一幅彩色图像是一个分割颜色空间的过程，图像中不同的物体对应于 RGB 或 HSI 空间中定义的三维直方图中的互相分离的点簇(Kenneth，2008)。它的基本思想是：图像直方图的峰值区对应于的一个区域，两个相邻峰之间的谷值是图像分割的阈值。直方图阈值分割的优点是实现简单，不需要先验知识，计算复杂度小，当不同类目标的灰度值或其他特征差异很大时，它能有效地进行图像的分割；但其缺点是对直方图的依赖性过强，忽略了图像的空间信息，当直方图中没有明显的峰或谷的时候，或是图像中不存在明显灰度差异或灰度范围有较大重叠时，该方法就难以获得准确的结果。

特征空间聚类方法的分割基础是：图像中的每一个区域在特征空间中形成一个单独的簇(cluster)或类(category)。先将特征空间中的像元归类于相应的类中，再将类映射到空间域以形成独立区域。该方法的优点是容易实现，其分割结果就是分类结果；缺点是分类个数需要事先确定，初始参数的选择对分类结果有较大影响，同时因为没有考虑空间信息，所以对噪声比较敏感。

边缘检测分割方法(Huang，et al.，2010；Batard，et al.，2009；He，Chung，2010)是一种广泛应用于灰度图像分割的方法，其基本思想是先检测图像中的边缘点，按一定策略连接成轮廓，从而构成分割区域。当区域之间的对比较为明显时，分割效果较好，反之较差。边缘检测分割方法常常和基于区域的分割方法相结合(Yu, et al., 2007), 以提高分割质量及避免过分分割。其特点是符合人类视觉机制, 难点在于解决边缘检测时的抗噪性和检测精度的矛盾。

基于区域分割方法(Jin, et al., 2007; Oh, Kim, 2006; Yu, Clausi, 2008; 刘海宾, 等, 2007)认为图像是由一组具有一定相似性的区域所组成, 其分割方法可具体分为区域生长、区域分裂、区域合并及其组合、分水岭分割(Pratikakis, et al., 2006)、基于随机场(Aoki, Nagahashi, 2005)等方法。其主要缺点是计算时间较长、内存开销较大, 分割结果依赖于种子点的选择、搜索的顺序以及区域相似性指标的确定等。

模糊算子、模糊属性、模糊数学和推理规则在图像分割中的广泛应用, 形成了模糊阈值分割、模糊聚类分割、模糊连接度分割等基于模糊集理论的分割方法(林瑶, 田捷, 2002)。人工神经网络(Artificial Neural Network, ANN)具有并行、非线性、分布式存储和处理、自组织、自适应和自学习能力等特征, 因而基于ANN及其发展的图像分割得到了极大的应用(Xu, et al., 2005; Dong, Xie, 2005; 史春奇, 等, 2009)。张伟和隋青美(2010)提出了一种基于惯性因子自适应粒子群和模糊熵的图像分割算法, 利用惯性因子自适应粒子群和高斯变异来搜索使模糊熵最大的参数值, 得到模糊参数的最优组合, 进而确定图像的分割阈值, 仿真结果表明算法运算时间较少, 具有很好的稳健性和自适应性。曹奎等人(2006)受现有灰色系统研究成果的启发, 将灰色聚类方法应用于CBIR的研究中, 建立了CBIR与灰色聚类的对应关系, 提出了一种全新的基于灰色聚类的图像检索技术, 这种方法既考虑了人类视觉感知的特点, 同时又简化了问题的复杂度, 使图像检索的效率与性能得到同时提高。

3.2.2　遥感图像分割

遥感图像分割, 是指对遥感图像进行处理、分析, 从中提取目标的技术和过程。遥感图像具有信息量大、灰度级多、目标结构复杂、边界模糊等特性, 这就决定了无论是在分割效率还是分割效果上都对遥感图像的分割提出了较高的要求, 使得对遥感图像的分割没有完全可靠的模型进行指导，在一定程度上阻碍了分割技术在遥感领域的应用(杜根远，等，2009)。

与一般图像相比，遥感图像具有多尺度、多波段、宽覆盖和地物类型多样等特点。遥感图像提供的是一种综合信息，所显示的是某一区域特定地理环境的综合体，所对应的地理环境是一个复杂的、多要素的、多层次的、具有动态结构和明显地域差异的开放巨系统。从遥感图像上获取专题信息的复杂和难度可从以下几方面说明：一是地物波谱特征复杂，受多种因素控制；二是自然界存在大量的“同物异谱”和“异物同谱”现象；三是地物的时空属性和地学规律是错综复杂的，各要素、各类别之间的关系是多种类型的(赵英时，等，2003)。

针对遥感图像的分割而言，首先，遥感图像所记录的地物特征往往呈现多尺度特征，每一次分割过程仅仅获得某一尺度下的特征划分；遥感图像包含多波段数据，因此，单波段的图像分割方法难以直接应用于多波段分割任务；遥感图像覆盖范围大，所涵盖的地物类型多，因此分割算法要求更为高效，并且要有先验知识的支持；另外，遥感图像具有丰富的纹理信息，综合反映了区域地物空间结构特性，但有效的纹理特性表达和抽取难度大。

自20世纪末以来，遥感图像分割研究得到了广泛的重视，无论是分割方法研究或是分割应用研究，均取得了很大的进展(周成虎，等，2009)。在遥感图像分割方法中，区域增长方法作为一种常用的、基于区域的图像分割方法，具有原理简单、无需事先确定分类数目、易于扩展到多波段图像等优点，但存在计算时间和空间开销都比较大，易受种子点的影响、难以确定合适的增长阈值、分割速度较慢等缺点。马尔可夫随机场(Markov Random Field，MRF)模型在一定程度上符合和反映了地理空间相关性，但在计算效率、尺度选择、图像标号的先验分布、参数估计等方面存在局限(李旭超，朱善安，2007)。聚类是一种常用的分割方法，但是此类方法还存在收敛速度较慢、不易达到全局最优、需要事先指定类别的个数等缺点。理论上并不存在最优的图像分割方法，分割效果和效率均因区域和图像特征而变。

3.2.3 遥感图像聚类分割研究进展

在遥感图像的分割方法中，聚类方法是一种常用的图像分割方法。目前应用于遥感图像分割的聚类方法都是一些经典方法，存在收敛速度慢、难以达到全局最优、需要预先指定类别个数等缺点。聚类是把一组像素按照相似性归成若干类别，它的目的是使得属于同一类别的像素之间的距离尽可能的小，不同类别上的像素间的距离尽可能的大。也即根据一定的相似性准则对模式集进行自动分组，达到组内差异最小、组间差异最大的过程。

聚类分析也称为非监督分类，是指人们事先对分类过程不施加任何的先验知识，而仅凭遥感影像数据地物光谱特征的分布规律，即自然聚类的特性，进行“盲目”地分类。其分类的结果只是对不同类别达到了区分，但并不能确定类别的属性，即非监督分类只能把样本区分为若干类别，而不能给出样本的描述；其类别的属性是通过分类结束后目视判读或实地调查确定的。一般的聚类算法是先选择若干个模式点作为聚类的中心，每一中心代表一个类别，按照某种相似性度量方法(如最小距离方法)将各模式归于各聚类中心所代表的类别，形成初始分类。然后由聚类准则判断初始分类是否合理，如果不合理就修改分类，如此反复迭代运算，直到合理为止。

在聚类分割方法中，K均值是一种早期的聚类方法，该方法是使每一聚类中多模式点到该类别中心的距离的平方和最小，其基本思想是通过迭代，逐次移动各类的中心，直到得到最好的聚类结果(Xu, Wunsch, 2005)。K均值算法中聚类个数k是由用户在之前预先确定。秦昆和徐敏(2008)结合云模型和FCM聚类算法，提出了一种遥感图像分割的新方法，提高了模糊C均值遥感图像分割方法的效率，具有较好的稳定性和稳健性。

Wang等人(2009a)提出了一种基于遗传算法和自组织的神经网络方法，用于遥感数据的融合。徐德启和汪志华(2002)利用ISODATA(Iterative Self-Organizing Data Analysis Techniques Algorithm)方法对经过Gabor小波变换得到的图像纹理、颜色特征进行聚类，从而分割纹理图像。樊昀和王润生(2002)提出了一种新的面向内容检素的彩色图像分割方法，该算法采用线性加权方式融合颜色、纹理特征，并依据图像功率谱分布自适应确定融合权值，采用基于编码代价的自淬火(serf annealing)方法对特征空间聚类；郭松涛等人(2005)提出了一种基于改进小波域隐马尔可夫树模型进行图像分割的方法；刘纯平(2006)设计完成和比较了基于Kohonen自组织网络的Kohonen聚类网络、模糊Kohonen聚类网络和基于进化规划的Kohonen聚类网络三种聚类算法在遥感土地利用、覆盖分类中的应用；郭小卫和官小平(2006)提出了一种多尺度无监督遥感图像分割方法，通过对多尺度图像数据在每个尺度上进行Gauss子集聚类，并将每个像素的邻域内的Gauss子集类别标记作为特征向量，利用Markov四叉树模型进行二次聚类，从而实现无监督图像分割。刘晓云等人(2007)提出了一种把MRF随机场和广义有限混合模型GFM模型(generalized finite mixture model)结合的分级聚类方法，采用K均值聚类方式获得过分类图像，分级聚类从过分类图像开始，可以方便获取GFM模型成分密度的初始参数；郑玮等人(2008)针对遥感图像分割中某些像素分类的不确定性，建立了模糊马尔可夫随机场模型，同时算法针对遥感图像的特点，结合了图像的灰度特征和纹理特征，从而使其能更准确地区分图像中的不同类。

理想的聚类方法应该能够有效处理数据集、高维数据集，需要依赖的先验知识应尽可能少且分类精度较高，收敛速度较快，不易陷入局部最优。虽然图像聚类分割方法较多且应用较为广泛，但是，从总体上看，聚类方法存在以下弱点和缺陷(周成虎，等，2009)：

①聚类方法通常要预先指定类别(均值方法和ISODATA方法除外)。由于遥感图像所反映的类型多样且空间分布差异大，因此预先指定类别个数有一定的困难。

②聚类方法一般需要多次迭代，收敛速度较慢，特别是遥感图像尺寸较大，这一问题表现得更为明显。

③该方法容易受到初始聚类中心的影响。如果采用随机方法指定初始聚类中心，往往会使聚类结果陷入局部最优。

④很多方法通常对低维数据有效，而高维遥感数据的聚类精度难以保证。如常用的聚类方法适用于呈球状分布的情况，而对于其他分

布类型的模式集进行聚类时效果往往不好。

3.3 结合 ECM 和 FCM 聚类的遥感图像分割方法

基于阈值的分割方法简单，处理速度上有优势，是一种基本的图像分割方法，但该方法属于硬分割方法，对于图像中模糊边界区域的分割不适合。对模糊边界区域的分割，通常采用无监督聚类方法，常用的有 K 均值聚类(Xu，Wunsch，2005；Chang，et al.，2009)、模糊 C 均值聚类(Fuzzy C-Means，FCM)(Bezdek，et al.，1984；Yu，et al.，2008)、ISODATA(Kang，et al.，2007)等。其中，模糊 C 均值算法因具有良好的聚类性能而被广泛应用于图像分割领域(Yang，et al.，2002；Hafiane，Zavidovique，2005；Ma，Staunton，2007；Wang，et al.，2009b)，该方法对模糊边界区域的分割效果较好，但没有很好的方法来确定聚类类数和各个初始聚类中心是其最大缺点，还存在如未考虑图像局部相关特性、距离测度稳健性差等问题。本质上讲，FCM 算法是一种局部搜索优化算法，如果初始值选择不当，不仅需要更多的迭代次数，而且会收敛到局部最优解(Wang，et al.，2009b；王向阳，王春花，2008)，这对聚类效果会产生较大的影响。

针对上述问题，作者把进化聚类(Evolving Clustering Method，ECM)思想和 FCM 算法相结合，提出了一种遥感图像聚类分割方法(Evolving Clustering-Fuzzy C-Means，EC-FCM)。首先利用 ECM 算法，依据图像中像素的 RGB 值进行进化聚类划分，划分后得到的各个聚类的类中心作为 FCM 算法的初始聚类中心，利用 FCM 算法进行聚类优化，完成模糊聚类划分，最后通过去模糊化转换为确定性分类，实现聚类分割，使分割后各聚类中的元素具有较高的相似度(杜根远，等，2009)。通过景物图像和遥感图像分割的实验验证以及人工评价表明，同 FCM 算法比较分割结果的准确性相对较好，提高了遥感图像分割方法的效率。

3.3.1 模糊 *C* 均值聚类算法

模糊 *C* 均值算法是允许一块数据属于两个或多个类的聚类方法，

常常被用于计算机视觉、模式识别和图像处理等领域(Cheng, et al., 2001; Guo, et al., 2008)。FCM 算法通过模糊分类获得分割结果，与硬分类方法中某个像素只能属于一个特定类别不同的是，FCM 算法允许一个像素根据隶属度的不同属于不同的类(Berget, et al., 2008; Yang, et al., 2008)。FCM 算法是一个非常有效的图像分割方法，国内外文献中提到了许多基于模糊集理论和 FCM 算法的图像分割方法。

模糊 C 均值是用隶属度确定每个数据点属于某个聚类的程度的一种聚类算法，是一种基于划分的聚类算法，使得被划分到同一簇的对象之间相似度最大，不同簇之间的相似度最小。隶属度函数是表示一个对象 x 隶属于集合 A 的程度的函数。FCM 把 n 个向量 $x_i(i=1, 2, \cdots, n)$ 分为 c 个模糊组，并求每组的聚类中心，使得非相似性指标的价值函数达到最小。FCM 算法用模糊划分，使得每个给定数据点用值在 0 到 1 之间的隶属度来确定其属于各个组的程度。与引入模糊划分相适应，隶属矩阵 U 允许有取值在 0 到 1 间的元素。加上归一化规定，一个数据集的隶属度的总和等于 1：

$$\sum_{i=1}^{c} u_{ij} = 1, \quad \forall j = 1, 2, \cdots, n \tag{3-1}$$

那么，FCM 的价值函数(目标函数)为：

$$J(U, c_1, \cdots, c_c) = \sum_{i=1}^{c} J_i = \sum_{i=1}^{c} \sum_{j=1}^{n} (u_{ij})^m (d_{ij})^2 \tag{3-2}$$

式中，c_i 为模糊组 i 的聚类中心，$d_{ij} = \| x_j - c_i \|$ 为第 i 个聚类中心与第 j 个数据点间的 Euclidean 距离；u_{ij} 介于 0 到 1 之间；且 $m \in [1, \infty)$ 是一个模糊加权指数。

构造如下新的目标函数，可求得式(3-2)达到最小值的必要条件。

$$\begin{aligned} \bar{J}(U, c_1, c_2, \cdots, c_c, \lambda_1, \lambda_2, \cdots, \lambda_n) &= J(U, c_1, c_2, \cdots, c_c) + \sum_{j=1}^{n} \lambda_j (\sum_{i=1}^{c} u_{ij} - 1) \\ &= \sum_{i=1}^{c} \sum_{j=1}^{n} (u_{ij})^m (d_{ij})^2 + \sum_{j=1}^{n} \lambda_j \left(\sum_{i=1}^{c} u_{ij} - 1 \right) \end{aligned} \tag{3-3}$$

式中，$\lambda_j (j=1, 2, \cdots, n)$ 是式(3-1)的 n 个约束式的拉格朗日乘子。对所有输入参量求导，使式(3-2)达到最小的必要条件为：

$$c_i=\frac{\sum_{j=1}^{n}(u_{ij})^m x_j}{\sum_{j=1}^{n}(u_{ij})^m} \tag{3-4}$$

和

$$u_{ij}=\left[\sum_{k=1}^{c}(d_{ij}/d_{kj})^{2/(m-1)}\right]^{-1} \tag{3-5}$$

由上述两个必要条件，模糊 C 均值聚类算法是一个简单的迭代过程。在批处理方式运行时，FCM 用下列步骤确定聚类中心 c_i 和隶属矩阵 U：

①用值在 0 到 1 之间的随机数初始化隶属矩阵 U，使其满足式(3-1)中的约束条件；

②用式(3-4)计算 c 个聚类中心 c_i，$i=1, 2, \cdots, c$；

③根据式(3-2)计算价值函数。如果它小于某个确定的阈值，或者相对上次价值函数值的改变量小于某个阈值，则算法停止；

④用式(3-5)计算新的 U 矩阵，返回步骤②。

上述算法也可以先初始化聚类中心，然后再执行迭代过程。由于不能确保 FCM 收敛于一个最优解，算法的性能依赖于初始聚类中心。因此，可用另外的快速算法确定初始聚类中心，或每次用不同的初始聚类中心启动该算法，多次运行 FCM。

FCM 算法允许自由选取聚类个数，每一向量按其指定的隶属度 $u_{ij}\in[0, 1]$ 聚类到每一个聚类中心。FCM 算法通过最小化目标函数来实现数据聚类。

3.3.2　EC-FCM 算法思想

改进后的算法总体思路如图 3-2 所示。

1. 利用 ECM 算法确定聚类中心

如果一个过程随时间以连续方式发展变化，则称该过程为一个进化过程。本方法的聚类半径随时间推移以连续的方式发展变化，故把本聚类方法称为进化聚类算法。

进化聚类算法是一种在线的、进化的、受到某一最大距离约束的

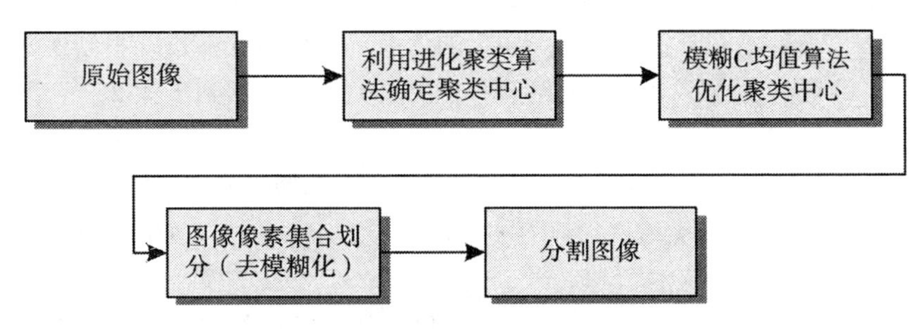

图 3-2 改进的 FCM 算法总体流程

聚类算法。它随着输入的样本数据的不断增加，实时动态地增加聚类个数或调整聚类中心及聚类半径(Kasabov, Qun, 2002; 张烃，等，2006)。在任何一个聚类算法中，Dthr 的选取将直接影响到聚类的个数，实例点和相应的聚类中心之间的最大距离都小于阈值 Dthr。聚类过程从一个空的聚类集合开始，其实例点来源于一个数据流。已经创建的聚类，会随着新的实例点的出现，依赖于当前实例点在输入空间中的位置，通过增加聚类半径和改变聚类中心的位置来进行更新，当聚类半径达到阈值时聚类不再被更新(田胜利，杜根远，2010)。

本算法中选用 RGB(Red, Green, Blue)图像颜色空间，像素点 X、Y 之间的距离 D 按照下述公式计算：

$$D_{x,y} = \| X - Y \| = \sqrt{(X.R - Y.R)^2 + (X.G - Y.G)^2 + (X.B - Y.B)^2} \tag{3-6}$$

聚类半径预设为 Dthr，通过对待分割图像的一遍扫描，可以对图像中的像素作半径为 Dthr 的初步划分，其算法如下：

①按行读取图像的像素信息组成的数据流，从输入数据流中简单地选择第一个像素 x_1 的 RGB 值作为聚类中心 c_{C_1} 的 RGB 值来创建第一个聚类 C_1，设置其聚类半径 $r_{u_1} = 0$。

②如果数据流中的所有像素都处理完成，则算法结束；否则，对于当前输入像素 x_i，计算 x_i 与 n 个已有的聚类中心 c_{C_j} 之间的距离 $d_{ij} = \| x_i - c_{C_j} \|$，$j = 1, 2, \cdots, n$。

③如果至少存在一个 d_{ij} 小于或等于 r_{u_j} 中的一个，这意味着 x_i 属

于已有的第 m 个聚类 C_m，即 $d_{im} = \| x_i - c_{C_m} \| = \min(\| x_i - c_{C_j} \|)$，$j=1, 2, \cdots, n$，它受到 $d_{im} \leqslant r_{u_m}$ 的约束。这种情况下，既不创建一个新的聚类，也不更新任何已经存在的聚类。算法回到步骤②，否则进入步骤④。

④计算 $s_{ij} = d_{ij} + r_{u_j}$，$j = 1, 2, \cdots, n$，选择具有 s_{ia} 的聚类中心 c_{C_a}，从而找出聚类 C_a。其中，s_{ia} 满足：$s_{ia} = d_{ia} + r_{u_a} = \min(s_{ij})$，$j = 1, 2, \cdots, n$。

⑤如果 $s_{ia} > 2 \times \mathrm{Dthr}$，则 x_i 不属于任何已有的聚类。使用类似于①的方法创建一个新的聚类。算法回到步骤②。

⑥如果 $S_{ia} \leqslant 2 \times \mathrm{Dthr}$，则通过移动 c_{C_a} 和增加半径 r_{u_a} 的值来更新 C_a。令 $r_{u_a^{\mathrm{new}}} = s_{ia}/2$，使得 $c_{C_a^{\mathrm{new}}}$ 位于 x_i 和 c_{C_a} 的连线上，且满足 $\| c_{C_a^{\mathrm{new}}} - x_i \| = r_{u_a^{\mathrm{new}}}$，算法回到步骤②。

2. 利用 FCM 算法优化聚类中心

利用 FCM 算法对进化聚类得到的各个聚类中心进行优化，算法如下：

①设定聚类模糊系数 b 的值和算法终止阈值 ε，迭代次数 $t = 1$，允许最大迭代次数 $t_{\max}$；并把进化聚类得到的 c 个聚类中心 $c_{C_i}(1 \leqslant i \leqslant c)$ 作为 FCM 算法的初始聚类中心；

②初始化隶属矩阵 $U^{(0)}$；

③开始循环，当迭代次数为 $t(t = 0, 1, 2, \cdots)$ 时，根据 $U^{(t)}$ 计算 C 均值向量 $c_i^{(t)}(i = 1, 2, \cdots, c)$；

④对 $j = 1, 2, \cdots, n$，按式(3-5)更新 $U^{(t)}$ 为 $U^{(t+1)}$；

⑤如果存在 $\| U^{(t+1)} - U^{(t)} \| \leqslant \varepsilon$ 或 $t \geqslant t_{\max}$，则停止运算；否则，置 $t = t + 1$，返回步骤③。

算法流程如图3-3如示，其中 t 为迭代次数。

当算法收敛时，得到各类的聚类中心以及各个样本对于各类的隶属度，从而完成模糊聚类划分；最后将模糊聚类结果进行去模糊化处理，将模糊聚类转换为确定性分类，最终实现聚类分割。

3. 图像像素集合划分

对于经过优化后得到的 c 个聚类中心，扫描数据流，重新判断每个像素的归类。对于像素 x_i，若存在一个聚类中心 c_{C_j}，距离 $d_{ij} \leqslant$

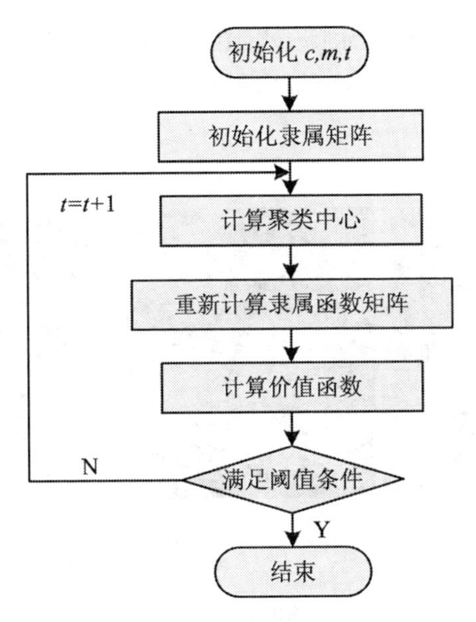

图 3-3　FCM 算法流程图

$r_{u_j}(j=1, 2, \cdots, c)$，则认为 x_i 属于满足最小距离 $d_{im}=\|x_i-c_{C_m}\|=\min(\|x_i-c_{C_j}\|)$ 的聚类 C_m。

3.3.3　实验验证

为了验证算法的有效性及分割结果，采用一幅景物图像及两幅遥感图像进行分割实验。实验是在 Pentium Dual/2.0GHz/2GB RAM/Windows XP 计算机上，利用 Delphi7 编程实现。

1. 实验(一)(田胜利，杜根远，2009)

图 3-4(a)是一幅 1639×1336 的温泉水库的遥感图像，位于东昆仑卡巴纽尔地区，图像来源于 Landsat 的 1∶5 万 ETM(Enhanced Thematic Mapper)数据。图 3-4(b)是只进行进化聚类算法分割后的图像结果(中心未优化)，图 3-4(c)是采用本书中的算法(EC-FCM)分割后的图像结果。实验中 Dthr 参数取 109.6，优化阈值取 0.1，在循环 26 次时聚类中心新旧值之间差值最小值小于 0.1，满足设定的阈值，退出循环。实验中各个聚类类别的像素点都取其所属聚类的类中

心的颜色值。

表 3-1 中给出了温泉水库遥感图像的分割信息。表中聚类半径值及 RGB 值是在程序运行时所提取的，规则是实数变量值的前 6 位有效数字。

(a) 遥感图像原图

(b) 进化聚类分割（中心未优化）

(c) EC-FCM算法分割

（Dthr 取 109. 6，优化阈值取 0. 1，循环 26 次退出循环）

图 3-4　温泉水库遥感图像分割实验结果

表 3-1　　**温泉水库遥感图像分割信息表**

类别	进化聚类(未经 FCM 算法优化前)					EC-FCM 算法			
	R	G	B	所含像素数	聚类半径	R	G	B	所含像素数
1	207. 002	193. 899	187. 619	584736	109. 369	220. 792	211. 700	200. 679	244441
2	83. 0430	29. 3958	24. 1553	479495	109. 288	33. 9272	15. 9139	26. 5217	311612
3	142. 115	101. 391	98. 1779	664468	109. 384	89. 8225	73. 9392	80. 6759	418838
4	223. 815	108. 082	54. 9391	33174	85. 8796	176. 141	166. 546	162. 430	428409
5	56. 2037	103. 041	153. 554	238539	108. 784	135. 598	124. 004	125. 554	475256
6	90. 4089	208. 380	224. 475	189292	71. 9979	45. 7596	174. 414	186. 966	311148

2. 实验(二)

为了验证算法有效性及技术路线合理性，给出一幅景物图像及一幅遥感图像的分割实验结果，如图 3-5 所示。其中，3-5(a)是随机抽取的一幅 386×293 的景物图像原图，3-5(b)是利用 ECM 结合遗传算法(Genetic Algorithm，GA)对景物图像进行聚类分割的结果，3-5(c)是利用本文 EC-FCM 算法对景物图像的聚类分割结果。3-5(d)是随机抽取的一幅遥感图像，实验数据采用 SPOT5 多光谱图像，空间分辨率为 10m，研究区大小为 395×405 个像素，3-5(e)是利用 ECM 结合遗传算法对遥感图像进行聚类分割后的图像分割结果，3-5(f)是利用本书中的 EC-FCM 方法对遥感图像进行聚类分割后的图像分割结果。实验中使每个像素点都取其所属类的聚类中心的颜色值，其中 Dthr 参数预取为 199.6，优化阈值取 0.01，本书中的算法在迭代 12 次时类中心新旧值之间差值小于 0.01，满足类中心循环前后差异度界限，退出迭代循环。

实验中发现，就同一幅图像利用 ECM 结合遗传算法进行分割时，首先利用遗传算法对 ECM 得到的初始聚类中心进行优化，定义评价函数为各像素到相应类中心的距离之和，算法结束的条件是进化了 500 代以后或连续两代最优个体评价函数差值小于 0.01，在相同条件下，EC-FCM 算法所用时间要小于 ECM 结合遗传算法所用时间，针对 3-5(a)图像，其算法运行时间值分别为 16.2921s 和 126.2921s，针对 3-5(d)图像，其运行时间值分别为 16.2913s 和 137.1761s。当图像幅度较大、内容中类别较多时这种差别更为明显，但其分割效果经人工评价差别不大。另外，就同一幅图像同一种算法对图像多次分割而言，EC-FCM 方法所费时间基本稳定，而 ECM 结合 GA 方法所费时间不一样、迭代的次数也不一样，上述的 126.2921s 和 137.1761s 是 10 次运行时间的最小值。

表 3-2 和表 3-3 给出了上述两幅图像分别在两种算法下所得到的分割信息，在程序运行时提取其聚类半径值及 RGB 值。表中可以看出，当聚类半径设置恰当时，上述两种算法所得到的 3 个类别的像素数差别不大，其分割效果人工评判差别不大。实验中发现，当聚类半径设置得不太合适时，本节所介绍的分割算法效果较好。

(a)原始图像　(b) ECM+GA的分割结果
(c) EC-FCM的分割结果　(d) 原始图像
(e) ECM+GA的分割结果　(f) EC-FCM的分割结果

图 3-5　图像分割结果对比

表 3-2　　景物图像分割信息表

类别	ECM+GA					EC-FCM 算法			
	R	G	B	像素数	聚类半径	R	G	B	像素数
1	74	106	64	37145	135.412	74.302	106.475	63.547	37169
2	26	48	23	30336	19.436	16.082	48.253	23.196	30316
3	137	167	205	45617	80.625	137.387	167.274	205.039	45613

表 3-3　　遥感图像分割信息表

类别	ECM+GA					EC-FCM 算法			
	R	G	B	像素数	聚类半径	R	G	B	像素数
1	132.733	132.195	131.417	154365	199.594	130.800	127.980	123.246	84966
2	246.426	254.318	255.000	482	10.650	107.872	217.186	204.381	54430
3	23.033	11.932	10.621	5128	16.762	52.272	42.803	43.693	20579

图 3-6 为在相同实验条件下，两种算法在处理遥感图像分割时的迭代次数随聚类半径变化的曲线，其中 ECM 结合遗传算法的迭代次数取的是相同参数情况下 10 次运算的平均值。从图中可以看出，本书 EC-FCM 算法的收敛曲线要优于 ECM 结合 GA 算法，说明本书所提出的算法是合理有效的。

3.3.4　结果分析

上述实验表明：EC-FCM 算法耗时较短，而且不需要定义较大数据空间。由于在 32 位 Windows 操作系统下，每个进程所用到的虚拟内存地址从 0 到 $2^{32}-1$，总容量为 4GB，而程序在编译时要求定义的数据占用空间不能超过 2G，否则编译通不过。目前，很多专著和文章中介绍的图像分割算法由于其空间复杂度和时间复杂度较高，所以在 Matlab 下做仿真时可以，但是对于在遥感图像内容检索系统中实

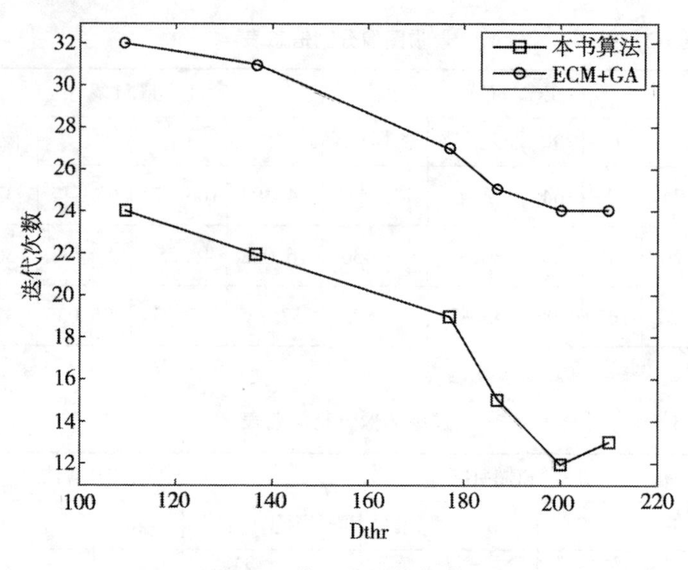

图 3-6　算法收敛曲线对比

现有些困难(田胜利，杜根远，2009)。有些检索系统通过把 Matlab 封装，利用高级语言实现与 Matlab 的接口，从而达到访问 Matlab 的目的，但是系统安装、移植的方便程度和运行效率均较低，而本书所提出的算法能满足内容检索系统开发实现的要求。

3.4　基于改进 FCM 的遥感图像序列分割方法

图像分割是图像描述和图像分类过程中必不可少的环节之一(Cinque, et al., 2004)。模糊 C 均值算法已经在医学图像处理(Yu, et al., 2006; Edoardo, Roberto, 2007)和遥感图像处理(Chakraborty, et al., 2009; Saeed, et al., 2010)领域取得了广泛应用，该算法及其各种各样的改进算法主要集中在工业和科学研究领域，具有实现简单，相对稳定，适应多通道数据、数据的不确定性建模等优点。FCM 算法对图像模糊边界的分割十分有效，但是该算法最大的缺点是没有一个好的办法去确定聚类的 c 值和初始化聚类中心，更为重要的是 FCM 是一个局部搜索优化算法，它很容易收敛到局部最小点，并且当初始值选择不恰当时将对聚类结果产生巨大的影响。

本节将进化聚类思想和 FCM 算法相结合，对 FCM 算法进行了改进，提出了一种基于改进 FCM 聚类的遥感图像序列分割方法(Sequence Segmentation Method，SSM)。颜色空间选用相关性更低的色调、饱和度和亮度(Hue，Saturation，Intensity，HSI)空间，采用更适合遥感图像的基于标准协方差矩阵的 Mahalanobis 距离公式，利用 ECM 解决模糊 C 均值聚类算法的初始化中心选择问题，利用对 S 分量的分割把图像分为两部分，分别用 H、I 分量对此两部分进行 FCM 分割，最后得到分割结果(Du，et al.，2010b)。

编程实验结果表明该方法能以较少的迭代次数收敛到全局最优解，具有较好的稳健性，有良好的分割效果，该方法通过人物图像和遥感图像的分割进行了验证，人工评价表明分割结果的准确性较高，提高了遥感图像阈值分割的精度和效率，可用于遥感图像分类和基于内容的遥感图像检索系统中。

3.4.1 颜色空间选择

RGB 颜色空间三分量之间常常有很高的相关性，直接利用这些分量往往会影响效果。为了降低彩色特征空间中各个特征分量之间的相关性，以及更方便于遥感图像分割方法的具体应用，本书研究选用 HSI 空间，该模型适合基于人的视觉系统对彩色感知特性的图像处理。色调是指光的颜色，饱和度是指颜色的深浅程度，色调和饱和度又合称为色度。由于人的视觉对亮度的敏感程度远强于对颜色浓淡的敏感程度，为了便于色彩处理和识别，人的视觉系统经常采用 HSI 色彩空间，它比 RGB 色彩空间更符合人的视觉特性。在图像处理和计算机视觉中大量算法都可在 HSI 色彩空间中方便地使用，它们可以分开处理而且是相互独立的。因此，在 HSI 色彩空间可以大大简化图像分析和处理的工作量。

HSI 模型与人眼的色彩感知相吻合，因色调与高亮、阴影无关，色调对区分不同颜色的物体非常有效。对于实际的图像分割，HSI 颜色空间主要有两个好处：首先，亮度分量与色度分量是分开的，I 分量与图像的彩色信息无关；其次是 H 和 S 分量与人类感受色彩的方式紧密相关。这些特点使得 HSI 颜色空间非常适合基于人的颜色感知特性进行处理和分析的图像处理算法，H 分量对彩色描述的能力与人的视觉最接近，区分能力也最强(Zhang, et al., 1998；范立南，等，2007)。

为了更好地利用图像中的彩色信息，分割可以转换到 HSI 空间中进行，二者之间的转换关系可以利用如下公式：

$$H=\begin{cases}\arccos\left(\dfrac{(R-G)+(R-B)}{2\sqrt{(R-G)^2+(R-B)(G-B)}}\right) & B\leqslant G\\ 2\pi-\arccos\left(\dfrac{(R-G)+(R-B)}{2\sqrt{(R-G)^2+(R-B)(G-B)}}\right) & B>G\end{cases}\tag{3-7}$$

$$S=1-\frac{3}{R+G+B}[\min(R,\ G,\ B)]\tag{3-8}$$

$$I=\frac{R+G+B}{3}\tag{3-9}$$

对 S 的计算也可使用下式：

$$S=\max(R,\ G,\ B)-\min(R,\ G,\ B)\tag{3-10}$$

式(3-7)中，H 分量是由 R、G、B 经过非线性变换得到的。在饱和度低的区域，H 值量化粗，在 H 为 0 的黑白区域，H 值已经没有意义，即当 $S=0$ 时，对应灰度无色，此时 H 没有意义，定义 $H=0$；当 $I=0$ 或 $I=1$ 时，S 值也无意义。HSI 空间中三分量之间的相关性远比 RGB 空间中三分量之间要小得多，人眼对 HSI 三分量的感知能力要比对 RGB 分量的感知能力强，HSI 模型空间中彩色图像的每一个均匀性彩色区域都对应一个相对一致的色调 H，说明色调能够被用来进行独立于阴影的彩色区域的分割。

3.4.2　距离测度的选择

距离是事物之间差异性的测度，差异性越大，则相似性越小，所以距离是系统聚类分析的依据和基础(徐建华，2002)。如果把每一个分类对象的 n 个聚类看成 n 维空间的 n 个坐标轴，则每一个分类对象的 n 个要素所构成的 n 维数据向量就是 n 维空间中的一个点。各分类对象之间的差异性，就由它们所对应的 n 维空间中点之间的距离度量。选择不同的距离，聚类结果会有所差异。

常规的模糊 C 均值聚类方法是基于欧氏距离，即各向同性的聚类方法，而遥感图像的实际散点图显示遥感数据像元的分布不服从于各向同性或球体分布，在实际应用中往往得不到理想的效果(哈斯巴干，等，2004)。首先，由于遥感图像混合像元的存在和其不确定性，各个类别在特征空间中散点图的分布呈超椭球体分布，不适合采用欧氏距离计算各点之间的距离；其次，在遥感领域中，FCM 算法往往用来聚类光谱信息，而不能体现样本之间的依赖关系(邱磊，等，2004)。

经典的 FCM 算法中，$d_{ij} = \| x_j - v_i \|$ 为 Euclidean 距离，适用于各项同性或球体分布。由于遥感信息各类别在特征空间中散点图的分布趋于超椭球体分布，基于此，对 FCM 算法中的距离算法进行改进，针对遥感图像的特点，采用更适合遥感图像的基于标准协方差矩阵的 Mahalanobis 距离公式，它通过协方差矩阵来考虑变量的相关性，因为在实际中，各点群的形状往往是大小和方向各不相同的椭球体。如图 3-7 所示，尽管 K 点距 M_A 的距离 D_A 比距 M_B 的距离 D_B 小，即 $D_A < D_B$，但由于 B 点群比 A 点群离散得多，因此把 K 点划入 B 类更合理。计算的距离与各点群的方差有关，方差越大，计算的距离就越短，若各个点群具有相同的方差，则 Mahalanobis 距离就是 Euclidean 距离的平方。

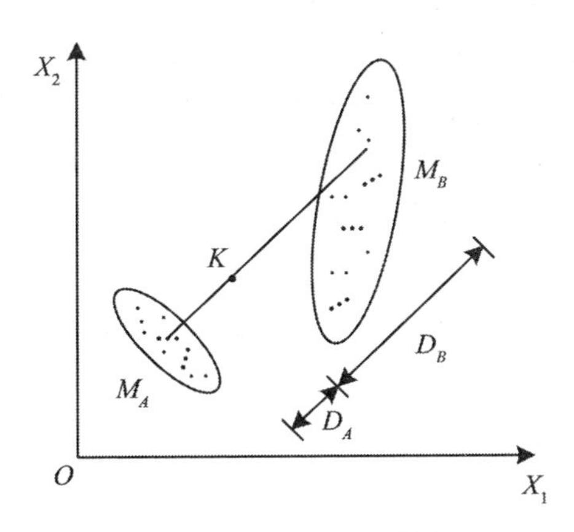

图 3-7 Mahalanobis 距离

在此处，首先计算 3 个通道的协方差矩阵，计算其标准协方差矩阵 $\boldsymbol{C}$，然后计算标准协方差矩阵的逆矩阵，距离的计算公式变为：

$$(d_{ij})^2 = (x_j - v_i)^{\mathrm{T}}\boldsymbol{C}^{-1}(x_j - v_i) \tag{3-11}$$

式中，$\boldsymbol{C}^{-1}$是标准协方差矩阵 $\boldsymbol{C}$ 的逆矩阵。当 $\boldsymbol{C}^{-1}=\boldsymbol{I}$(单位矩阵)时，上式变为 Euclidean 距离尺度。

Mahalanobis 距离的实质是在计算样本 K 和中心 V 的距离时引入了加权矩阵 $\boldsymbol{C}^{-1}$，此加权矩阵是经过归一化处理的模糊类内离散度矩阵的逆，即是在离散度比较小的方向上加权比较大，而在离散度比较大的方向上加权比较小，从而可以实现超椭球模糊聚类，这样能够更有效地检测超椭球体分布的各类别。

3.4.3　序列分割策略

除了把图像分割方法应用到不同的颜色空间，而且可以考虑直接应用于每个颜色分量上，其分割结果再通过一定的方式进行组合和处理，即可获取最后的分割结果(Wang, et al., 2009b)。本节中图像分割采用分步分割的策略。由于 H、S、I 3 个分量是相互独立的，所以对此三分量分别进行分割处理，从而将此 3-D 搜索问题转化为 3 个 1-D 搜索问题(Zhang, 1998)，主要采用一种对不同分量进行序列分割的方法，流程如图 3-8 所示。

①依据 S 分量区分高饱和区和低饱和区；

②基于 H 值对高饱和区进行分割，在高饱和彩色区 S 值大，H 值量化较细，采用基于色调 H 的阈值来进行分割；

③基于 I 值对低饱和区进行分割，在低饱和彩色区 S 值大，H 值量化较粗无法直接进行分割，但比较接近灰度区域，可采用基于亮度 I 的阈值来进行分割。

在以上的 3 个分割步骤中可以采用不同的分割技术，也可以采用相同的分割技术。

3.4.4　实验及结果讨论

为了验证上述方法的有效性，根据技术路线，图像颜色空间选择为 HSI 空间，距离测度采用更适合遥感图像的 Mahalanobis 距离公式，

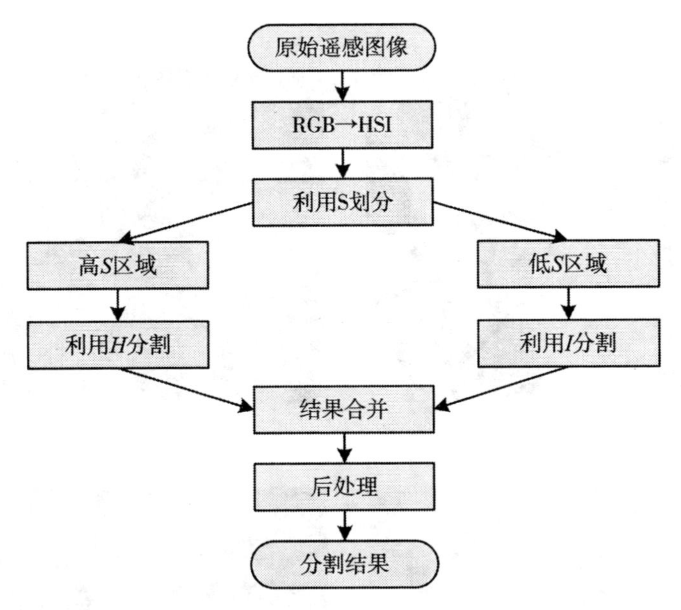

图 3-8 遥感图像序列分割流程图

采用序列分割的策略。选取 Lena 图像(大小为 512×512 像素)和一幅遥感图像进行编程实验，实验结果如图 3-9 所示和图 3-10 所示。遥感图像实验数据采用 SPOT5 多光谱图像，空间分辨率为 10m，研究区大小为 395×405 个像素。

采用本书算法对 Lena 图像进行序列分割实验(图 3-9)，并使用上述改进后的 FCM 算法。图(a)为 Lena 图像的色度图，图(b)为 Lena 图像的饱和度图，图(c)为 Lena 图像的强度图，图(d)为采用改进 FCM 算法对 Lena 图像的高 S 部分用 H 值进行阈值分割后的图像，图(e)为采用改进 FCM 算法对 Lena 图像的低 S 部分用 I 值进行阈值分割后的图像，图(f)为合并后的分割结果。

采用本书中算法对所选取的遥感图像进行了序列分割实验(图 3-10)，使用了上述改进后的 FCM 算法。图(a)为遥感图像的色度图，图(b)为遥感图像的饱和度图，图(c)为遥感图像的强度图，图(d)为采用改进 FCM 算法对遥感图像的高 S 部分用 H 值进行阈值分割后的图像，图(e)为采用改进 FCM 算法对遥感图像的低 S 部分用 I 值进

(a)色度图

(b) 饱和度图

(c) 强度图

(d) 对高S部分用H值进行分割

(e) 对低S部分用I值进行分割

(f) 合并后分割结果

图 3-9 Lena 图像序列分割结果

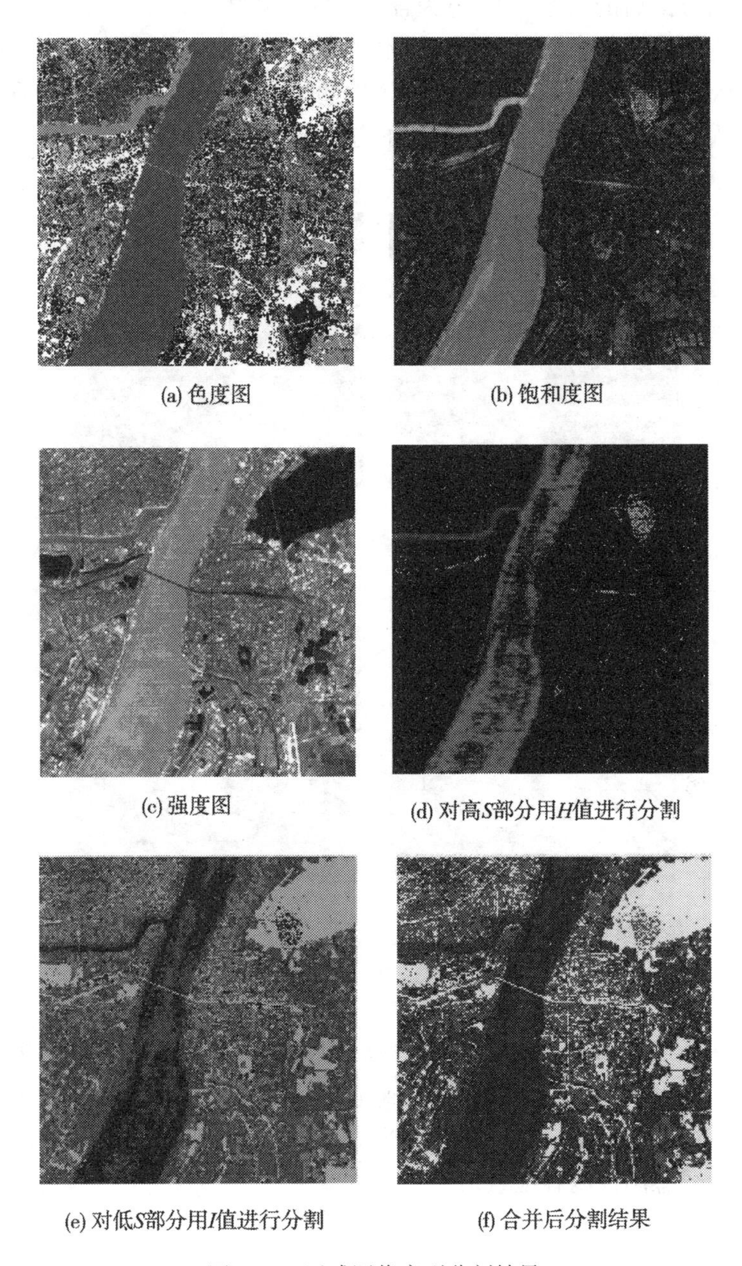

(a) 色度图　(b) 饱和度图

(c) 强度图　(d) 对高*S*部分用*H*值进行分割

(e) 对低*S*部分用*I*值进行分割　(f) 合并后分割结果

图 3-10　遥感图像序列分割结果

行阈值分割后的图像，图(f)为合并后的分割结果。

为了对分割结果进行比较，本次研究在 ENVI 软件环境下，利用 ISODATA 和 K-means 算法对上述遥感图像进行分割，如图 3-11 所示，通过人工对比后发现，本书算法的分割结果相对较好。

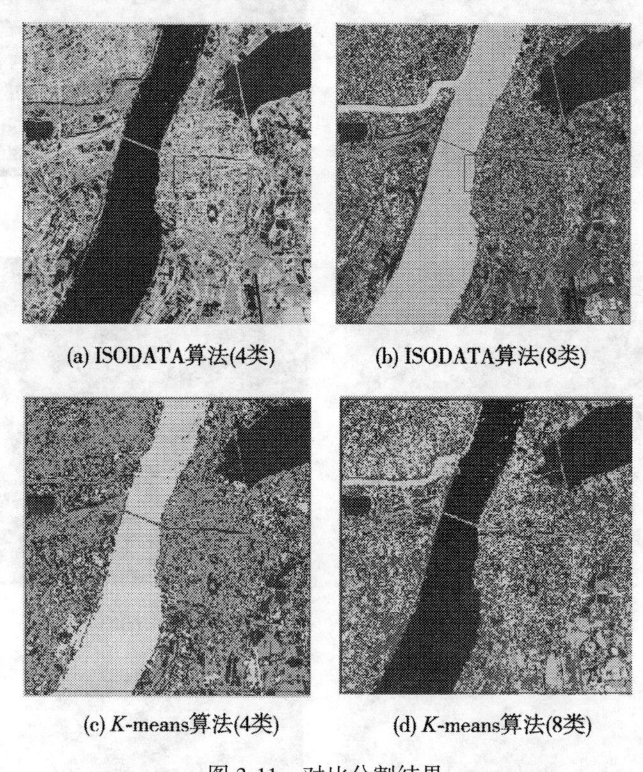

图 3-11　对比分割结果

从结果上来看，采用本书所提出的算法及策略来进行遥感图像分割，能够以较少的迭代次数收敛到全局最优解，同时具有较好的稳健性，有良好的分割效果，提高了遥感图像阈值分割的精度和效率，可应用于遥感图像内容检索系统。

3.5 本 章 小 结

图像分割是计算机视觉、模式识别、图像理解等领域的重要研究内容，利用 FCM 及其改进方法进行图像分割具有易于实现、描述简洁、分割效果好等特点，但存在诸如需预先给出初始聚类数目、距离测度稳健性差、未考虑图像局部相关特性等不足，从而限制了其应用范围，而且遥感图像尺度较大、内容丰富、噪声更多，具有多尺度特征，对算法的处理效率、抗噪能力、不同尺度下的分割等都提出了更高的要求，这也会影响到该算法在遥感图像分割中的进一步应用。

为此，本章提出了一种结合进化聚类的 FCM 遥感图像分割算法(Evolving Clustering-Fuzzy C-Means，EC-FCM)，该算法能够通过进化聚类确定初始聚类中心，同时利用 FCM 算法对初始聚类中心进行优化，完成模糊聚类划分，通过去模糊化转换为确定性分类，实现聚类分割，进一步提高了图像分割效果，且能以较少的迭代次数收敛到全局最优解。

同时，基于上述算法，提出了一种基于改进 FCM 聚类的遥感图像序列分割方法(Sequence Segmentation Method，SSM)。颜色空间选用相关性更低的 HSI 空间，采用更适合遥感图像的基于标准协方差矩阵的 Mahalanobis 距离公式，利用 ECM 解决模糊 C 均值聚类算法的初始化中心选择问题，并根据设计的分割策略对遥感图像进行了序列分割。理论分析及编程实验结果表明，该方法同 FCM 算法比较能以较少的迭代次数收敛到全局最优解，具有较好的稳健性，有良好的分割效果，能够有效地提高遥感图像阈值分割的精度和效率，可用于遥感图像分类和基于内容的遥感图像检索系统中。

第4章　基于粒计算的图像相似性度量研究

信息粒化是人类处理和存储信息的一种反映，是对现实的一种抽象表达，粒计算是一种看待客观世界的世界观和方法论。粒计算通过把复杂问题抽象、划分从而转化为若干较为简单的问题，有助于更好地分析和解决问题。相似性度量是图像内容检索技术中的关键问题和难点之一，本章研究基于粒计算理论，研究信息系统的属性约简，提出有效的属性约简算法，简化信息系统，求解图像区域相似性的度量，分析有效的图像配准方案，提出新的图像相似性度量方法。实例验证表明，该方法能客观地度量图像区域间的相似性，为遥感图像相似性度量的研究提供了一种新思路。

4.1　相关概念

粒计算(granular computing)作为一种新的基于问题概念空间划分的智能计算理论和方法(Pawlak，1998；苗夺谦，等，2007)，它从不同粒度和细节层次上研究问题求解，对不确定、不精确和模糊的问题，在可以容忍的程度内探索求解使其达到可处理性、稳健性、协调性和小代价。粒计算涵盖了所有有关粒度的理论、方法论、工具和技术的研究，能有效地分析和处理模糊、部分真值、不精确、不一致的问题，具有广泛的应用前景，已经成为人工智能研究领域中一个重要分支。目前，粒计算主要有三种基本理论模型：模糊集模型、粗糙集模型与商空间模型(Tao，et al.，2006；Pawlak，1991；Zadeh，1996；张钹，等，2007；王国胤，等，2007)。

近年来，国内外诸多学者从不同的侧面对粒计算理论进行了分析研究，并将它广泛应用于图像信息的粒化、图像压缩与图像分割技术中，取得了大量的研究成果(Pedrycz, et al., 2000; Hirota, et al., 1999; Nobuhara, et al., 2000; 修保新，等，2004; Wu, et al., 2002)，但这些研究都依赖于各自的研究领域，彼此之间一般相互独立，难以形成一个统一的理论模型，而且目前运用粒计算理论对图像相似性度量的应用研究也相对较少。

多粒度决策粗糙集理论通过多个二元关系导出多个粒空间进行建模，从中挖掘有用的知识并形成有效决策。近几年，多粒度粗糙集理论引起了人工智能与粒计算领域学者的重点关注并得到了成功的应用(刘盾，2013; Liang, 2012)。在多个粒结构中，多粒度决策粗糙集的目的是选择一种序列决策行动使总风险尽可能最小。

为了有效地提高图像检索技术的综合性能，作者运用粒计算理论，研究图像信息系统中的属性约简算法(史进玲，等，2012)，除去冗余属性，简化图像信息系统；讨论多粒度空间的粒度度量，寻求合适的度量来刻画不确定图像信息之间的相似性，探求基于粒计算的图像检索相似性度量模型，将目标图像区域和待比较的多个图像区域及反映图像区域特点的区域特征构成一个图像特征信息表，基于粒计算理论对图像特征信息表进行深入分析研究，探讨基于图像特征信息表的粒计算模型，并从特征粒、粒库及特征权值的角度出发，提出了一种基于粒计算的图像区域相似性度量方法(Shi, Du, 2010)。

4.2 粒计算理论

粒计算是一种新的基于问题概念空间划分的智能计算理论和方法，它从不同粒度和细节层次上研究问题求解，能有效地分析和处理模糊、不精确、不一致和部分真值的问题。它把知识看作是对论域中研究对象进行分类的能力，通过定义信息粒、等价类、等价关系、信息系统等概念，对模糊的、不确定的、不精确的信息进行分析处理，试图从中发现隐含的知识，揭示潜在的规律。

本章主要从基于粗糙集的粒计算理论出发，深入研究图像信息粒、信息粒的计算与图像区域间的相似性度量方法，因此为便于后面内容的阐述展开，本节将对基于粗糙集的粒计算理论基本概念作简要介绍，相关的详细介绍可参阅文献(史进玲，2009；Shao，Zhang，2005；苗夺谦，2007)。

4.2.1　粒计算基本要素

粒计算的基本要素主要包括粒、层次、分层结构和粒结构。

(1)粒

粒是粒计算的初始概念，是求解问题的基本单位，是粒计算研究对象的单位，类同于集合中的元素或子集，数据库中的记录。最低层次的粒被称为基本粒，即把最小的、不可分或不需要再分解的粒称为基本粒，它既可以是精确的，也可以是模糊的(谢克明，等，2007)。

“对象 A 的粒化是通过不可分辨性、相似性、近似性或泛函性，把 A 的粒聚集成一组对象”(Zadeh，1997)。设论域 U，粒化就是根据关系或语义 $R_{ij}(i, j=1, 2, \cdots)$，把论域中的基本粒聚集为几个或独立或互有交叉的集合的过程，各个集合被称为粒，粒可以继续粒化为下一级的粒。

粒的基本要素由粒、粒的粗细、粒间的关系、粒运算组成。粒的粗细表示了细化、抽象程度；粒间的关系可用二元关系覆盖、独立、闭合等表示；粒运算可以构造出新的粒。一组对象通过闭合、邻域空间等可以看作是一个粒(Zadeh，1998；徐久成，等，2009)。

(2)层次

粒存在于特定的层次中，是该层次上研究的主体。人们在粒计算的不同层次中研究不同类型的粒，这些粒之间是有联系的，同一层次的粒与粒之间可以是相交、层叠的关系。层次中每一个粒表述了一个特定的粒化观点，所有的粒化观点相互呼应、相互补充，完整表达了在这个层次上对一个问题的描述(史进玲，2009)。

层次在各种问题求解中居于重要地位，自然界复杂系统的内在特征可用层次结构来说明，层次说明是理解复杂系统的方式，如各种数据处理系统涉及应用层、算法层、计算层等多个层次(Marr，1982)。

基于粒计算层次观点的层次结构有两种，即自上而下的分解和从细节到概括的综合，层是由表征研究对象的实体(粒)组成，一个层次中的粒通过特殊上下文环境形成，并同其他层的粒相互关系。

(3)分层结构

分层结构由若干个层次组成，层次间的递进是有序的，高层次为低层次的描述提供背景，并会对低层次进行约束，这种递进反映了由表及里、由抽象到具体、由笼统到具体、由粗糙到细致的变化。

若干个低层次的粒可以组合成一个更高层次的粒，同时为高层次的粒提供更加详细的描述或者更多的信息；而一个高层次的粒可以分解为若干个低层次的粒，为低层次的粒提供更粗粒度的描述，高层次的粒会忽略与本层次不相关的细节信息。

(4)粒结构

粒的总体结构、粒的结构、粒的内在结构是粒结构的3个基本要素。粒的总体结构是由分层结构来表示，在某种程度上粒的结构、粒的内在结构都可以通过顺序关系表示出来，一些粒因为不能相互比较，可用树形关系描述；粒的结构体现某一层中粒的结构，不同层间粒的联系不明显或很弱，同一层中的粒在某种程度上有一定的联系，把一层作为整体考虑时粒的内在结构才有意义；粒的内在结构用于解释、描述粒自身。

4.2.2 粒计算基本理论

(1)模糊集理论

模糊集(fuzzy set)理论(Zadeh, 1965)是由Zadeh引入，属于经典集合论的一种推广，和传统集合一样，模糊集也有它的元素，但可以讨论每个元素属于该模糊集的程度，其从低至高一般用0到1之间的数来表示。在经典集合论中规定每个元素只能属于或不属于某个集合(因此模糊集不是集合)。可以说，每个元素对每个集合的隶属度(membership)都只能是0或1。而每个模糊集则拥有一个隶属函数(membership function)，其值允许取闭区间[0, 1](单位区间)中的任何实数，用来表示元素对该集的隶属程度。例如，设某模糊集U的隶属函数为m，而a、b、c为三个元素；如果$M(a)=1$，$M(b)=0$，$M(c)=1/2$，则可以说“a完全属于U”，“b完全不属于U”，“c对U的隶属度为1/2”。作为特例，当隶属函数的值只能取0或1时，就得到了传统集合论常用的示性函数(indicator function)，传统集合在模糊集理论中通常称作“明确集”(crisp set)。

(2)粗糙集理论

粗糙集(rough set)，又称粗集合，标准粗糙集理论由波兰数学家Pawlak(1982)所描述。在标准粗糙集理论中，明确集是指传统的集合，而粗糙集则用于对明确集进行形式上的逼近，即给出该明确集的上逼近集和下逼近集。在这标准理论中，上逼近集和下逼近集都是明确集，而在其他一些版本的粗糙集理论中则是模糊集。

当$K=(U, R)$为一个知识库，$\mathrm{IND}(K)$定义为K中所有等价关系的族，记作$\mathrm{IND}(K)=\{\mathrm{IND}(P) \mid \varnothing \neq P \subseteq R\}$。

给定知识库$K=(U, R)$，对于每一个子集$X \subseteq U$和一个等价关系$R \in \mathrm{IND}(K)$，定义：

$$\underline{R}X = \cup \{Y \in U \mid \mathrm{IND}(R) \mid Y \subseteq X\} \tag{4-1}$$

$$\overline{R}X = \cup \{Y \in U/\mathrm{IND}(R) \mid Y \cap X \neq \varnothing\} \tag{4-2}$$

分别为X的R下近似集和上近似集，也可用下式来表达：

$$\underline{R}X = \{x \mid x \in U \mid [x]_R \subseteq X\} \tag{4-3}$$

$$\overline{R}X = \{x \mid x \in U [x]_R \cap X \neq \varnothing\} \tag{4-4}$$

则X为R可定义集当且仅当$\underline{R}X=\overline{R}x$，$X$为$R$粗糙集当且仅当$\underline{R}X \neq \overline{R}X$。$\underline{R}X$可描述为$X$中的最大可定义集，可$\overline{R}X$描述为含有$X$的最小可定义集。

(3)商空间理论

张钹和张玲提出商空间(quotient space)理论(Zhang，Zhang，1992)用于研究问题的求解，商空间理论的主要研究内容包括：复杂问题的商空间描述、商空间的分解与合成、商空间的粒计算、分层递阶结构、粒度空间关系的推理以及问题的启发式搜索等。商空间理论就是研究各商空间的合成与分解、在商空间中的推理和各商空间之间的关系。在该模型下，可建立对应的推理模型，并满足两个重要的性质：“保真原理”和“保假原理”。所谓保真原理，是指若一个命题在两个较粗粒度的商空间中是真的，则在一定条件下在其合成的商空间中对应的问题也是真的；所谓保假原理，是指若一个命题在粗粒度空间中是假的，则该命题在比它细的商空间中也一定为假(Shao，Zhang，2005)。

商空间理论模型可用一个三元组来表示，(X, F, T)。其中：X 是问题的论域；F：$X \to Y$ 是论域的属性集，可以是单值，也可以是多值；T 是 X 上的拓扑结构，指论域中各元素的相互关系。当取粗粒度时，即给定一个等价关系 R(或者说是一个划分)，得到一个对应于 R 的商集(记为$[X]$)，它对应于三元组$([X], [F], [T])$，称之为对应于 R 的商空间。

4.2.3 粒计算的基本问题

粒计算的内容主要涉及两个基本问题，粒化和粒的计算。粒化研究如何来构建信息粒，处理的是粒的形成、表示和语义解释问题；而粒的计算研究如何利用粒去计算，即粒计算的应用，也即怎样利用粒计算去求解问题。

(1)粒化

粒化表示粒的一个构造性过程，即粒的形成。简单地理解，粒化是在给定粒化准则下得到一个粒层，给定多个粒化准则得到多个粒层，进而得到所有粒层构成的结构。一般的粒化方法是对一个问题，通过自底而上的方法将问题由细粒度的粒层合并为更粗粒度的粒层，或者通过自顶而下的方法将问题由粗粒度的粒层分解为更细粒度的粒层。粒化包含粒化的标准、粒化的方法、粒子和粒结构的定量(定性)描述以及粒子和粒结构的描述(表示)等一系列问题(Shao，Zhang，2005)。

粒化标准考虑的是如何将两个对象合并到同一粒中，如何将论域中对象分解为不同粒，即语义方面的问题，它解释两个对象为什么属于或不属于同一个粒(Zadeh，1997)。确定粒化标准的基本原则是粒化结果能抛弃一些无关紧要的细节，使人们对问题的本质有更深入的理解，同时达到降低问题求解复杂度的目的。

粒化方法考虑如何对问题进行粒化，即采用什么算法或通过什么方法实现对粒层的构造，是算法方面的问题。如在粗糙集理论中，如何有效地将论域划分为不同的粒度层次，运用什么方法实现对论域的划分等。

粒子和粒结构的定量(定性)描述主要是指粒子和粒结构的大小及复杂性度量方面。

粒子和粒结构的描述主要是指如何用形式化的语言将得到的粒子或粒的结构表述出来，以方便人们的理解与计算。例如，在粗糙集理论模型中，粒子的表示可以用是一个等价类，而粒的结构可以由一个等价类和它对应的属性值组合所构成的二元对来表示。

粒化还包括对粒化结果的描述、表示及对粒化结果进行定量、定性分析等其他问题，粒化主要考虑如何将问题空间进行分解或合成为不同层次的粒，从不同的粒度层次出发，可以使人们对问题的分析与理解更透彻、更清晰，一个成功的粒化方法会对问题的求解更容易、更有意义。

(2)粒的计算

粒的计算是指狭义的粒计算，即以粒为对象的推理和运算。粒计算一般要通过对粒、粒层和所有粒层组成的层次结构进行分析来实现，包括层次结构中同一层次内的移动、向上和向下两个方向的交互。主要可分为两种：同一粒层上粒子之间的相互转换和推理，不同粒层上粒子之间的转换和推理。由粒化得到的不同粒层之间的联系可由映射来表示，该映射(粒层之间)建立了同一问题的不同细节描述之间的关系，在不同的粒层上同一问题可以用不同的粒度、细节来表示。如商空间理论模型通过自然投影建立分层递阶的商空间链式结构。

采用粒计算方法可以高效地实现对复杂问题的求解，这是因为粒计算可以从不同粒度出发对同一问题来进行求解。例如，在商空间理论中，不同粒度的转化是由两个或者若干个商空间进行合成得到上界商空间、下界商空间来实现；而在粗糙集理论中，不同粒度层次的划分可以通过在属性集上增加或删除一个或多个属性来实现。

粒化允许同一个问题在不同的细节上表示，但对问题求解的关键性质必须在不同粒度层次上表现出来，即在粒化过程中关键性质的保持性，虽然在不同的粒计算模型中粒层的转化方法并不相同，但上述特点是必须保持的，这也是评价粒化准则优劣的一个重要指标。如果在粒化后粒层之间的相互转化过程中，某些重要属性不能得到体现，则该方法就不利于对问题的求解，反而会使问题的求解变得低效、复杂。

可以看出，粒的语义研究主要侧重于采用什么样的准则来对粒进行粒化，即"为什么"这类问题。例如，在粗糙集理论中，对同一个论域采用不同的分类标准，如优势关系、相容关系、等价关系等来对论域的划分将产生不同的粒结构，因此不同的粒结构自然会得到不同的操作方法，这样必然会导致它们在应用中的算法时间和空间复杂度及运行效率上各不相同(史进玲，2009)。

粒的计算主要考虑如何在粒化的基础上具体地去实现对粒及粒结构的操作，这些操作涉及粒化的方法及进行粒的计算的算法或方法，是"如何、怎样"这类问题。对二者的研究是同等重要的，粒的语义和算法是相互联系、相辅相成的，对粒计算算法的研究将会更有利于问题的求解，同时也会对进一步发展粒计算理论起到促进作用；而对对粒的形式化描述的好坏及粒的语义解释将会直接影响到算法的有效性及运行效率。

4.3 信息系统中的属性约简与多粒度度量

目前，随着互联网、通信、物联网与云计算技术的迅猛发展，信息社会进入了大数据(big data)时代(孟小峰，慈祥，2013)。由于大数据往往呈现出大规模、多模态与快速增长等特征，因此使得传统的数据分析理论、方法与技术面临着可计算性、有效性与时效性等严峻挑战。同样，在复杂的图像信息系统中，对图像进行相似性度量时，有很多特征属性对于度量的决策是无关的，因此，在度量图像的相似性和配准度时，应对信息系统进行属性约简，从而提高图像的配准效率。

4.3.1 基于粗糙熵的信息系统属性约简算法

定义 4-1 设四元组 $S=(U, R, V, f)$ 是一个信息系统，其中 U 表示对象的非空有限集合，也称为论域；R 表示属性的非空有限集合，$V=\cup\{V_r \mid r\in R\}$，$V_r$为属性$r$的值域；$f$：$U\times R\to V$是一个信息函数，它为每个对象的每个属性赋予一个信息值，即$\forall r\in R$，$x\in U$，有$f(x, r)\in V_r$。

定义4-2　在信息系统$S=(U, R, V, f)$中，任意属性子集$P\subseteq R$决定了一个二元不可区分关系：$\mathrm{IND}(P)=\{(x, y)\in U\times U \mid \forall p\in P, f(x, p)=f(y, p)\}$。关系IND($P$)确定了一个划分，用$U/\mathrm{IND}(P)$表示，简记为$U/P$。$U/P$中的任何元素$[x]_P=\{y \mid f(x, p)=f(y, p), \forall p\in P\}$称为等价类。

定义4-3　在信息系统$S=(U, R, V, f)$中，$P\subseteq R$，$\forall p\in P$，如果$\mathrm{IND}(R)=\mathrm{IND}(R-\{p\})$，则称$p$为$P$中不必要的；否则称$p$为$P$中必要的。如果每一个$p\in P$都为$P$中必要的，则称$P$为独立的，否则称$P$为依赖的。

定义4-4　在信息系统$S=(U, R, V, f)$中，$P\subseteq R$，属性集P中所有必要属性的集合称为属性集的核，记为Core(P)。

1. 知识的粗糙熵及其属性重要性度量

定义4-5　设四元组$S=(U, R, V, f)$是一个信息系统，对于$\forall P\subseteq R$，$U/P=\{X_1, X_2, \cdots, X_n\}$，则定义知识$P$的粗糙熵为：$\mathrm{RE}(P)=\sum_{i=1}^{n}|X_i|^2\log_2|X_i|/|U|^2$（其中，$|X_i|$表示集合$X_i$的基数）。

例4-1　表4-1给出了一个信息系统，其中$U=\{x_1, x_2, \cdots, x_8\}$，属性集$R=\{a_1, a_2, a_3\}$。计算知识$R$的粗糙熵。

表4-1　　信息系统

U	a_1	a_2	a_3
x_1	2	1	3
x_2	3	2	1
x_3	2	1	3
x_4	1	1	4
x_5	1	1	2

续表

U	a_1	a_2	a_3
x_6	1	1	4
x_7	1	2	3
x_8	1	2	3

由于知识 R 对论域的划分为 $U/R=\{\{x_1, x_3\}, \{x_2\}, \{x_4, x_6\}, \{x_5\}, \{x_7\}, \{x_8\}\}$，因此，$\text{RE}(R) = 4 * \log_2{}^2/64+\log_2{}^1/64+4 * \log_2{}^2/64+\log_2{}^1/64+\log_2{}^1/64+\log_2{}^1/64=1/8$。

性质 4-1 设四元组 $S=(U, R, V, f)$ 是一个信息系统，$\forall P\subseteq Q\subseteq R$，有 $0\leqslant \text{RE}(Q)\leqslant \text{RE}(P)\leqslant \log_2|U|$。

显然，由性质 4-1 可知，知识的粗糙熵随着知识划分变大而单调增加，$\text{RE}(P)$ 反映了知识 P 对论域 U 划分的粗糙度大小。当 $U/P=\{\{x_1\}, \{x_2\}, \cdots, \{x_n\}\}$ 时，P 对论域划分的粗糙度最小，即 $\text{RE}(P)=0$；而当 $U/P=U$ 时，P 对论域划分的粗糙度最大，即 $\text{RE}(P)=\log_2|U|$。

由于不同的知识对论域划分的粗糙度不同，因而 $\forall p\in P$ 关于知识 P 对在论域 U 划分粗糙度的重要性不同，下面给出知识的重要性度量方法。

定理 4-1 在信息系统 $S=(U, R, V, f)$ 中，$P\subseteq R$，对 $\forall p\in P$，若 $\text{RE}(P)=\text{RE}(P\setminus\{p\})$，则称 p 是知识 P 所不必要的，否则称 p 是必要的。

由定理 4-1 可知，知识 p 的重要性可通过在知识 P 中去掉 p 所引起的知识 P 的粗糙熵的变化来度量。

定义 4-6(属性重要度) 在信息系统 $S=(U, R, V, f)$ 中，$P\subseteq R$，对于 $\forall p\in P$，定义知识 p 关于 P 的重要性为：$\text{Sig}(p, P)=\text{RE}(P\setminus\{p\})-\text{RE}(P)$。 (4-5)

性质 4-2 属性 p 为知识 P 所必要的属性，当且仅当 $\text{Sig}(p, P)>0$。 (4-6)

性质 4-3 $\text{Core}(P)=\{p\in P \mid \text{Sig}(p, P)>0\}$ (4-7)

定理 4-2 在信息系统 $S=(U, R, V, f)$ 中，$P\subseteq R$，若 $\mathrm{RE}(P)=\mathrm{RE}(R)$，且$P$独立，则称 P 为 R 的约简。

由于在以属性核为起点的启发式约简过程中，我们往往通过一种度量方法不断地向属性核中增加属性来获取属性约简。因此，下面给出了属性重要度的另外一种形式。

定义 4-7 在信息系统 $S=(U, R, V, f)$ 中，$P_0\subseteq R$，定义 $\forall p\in R\setminus P_0$ 关于属性 P_0 的重要性为：

$$\mathrm{Sig}(p, P_0)=\mathrm{RE}(P_0)-\mathrm{RE}(P_0\cup\{p\})。\tag{4-8}$$

由定义 4-7 可知，属性 p 关于属性集 P_0 的重要性是由 P_0 中添加属性 p 后所引起的粗糙熵变化的大小来度量的，即粗糙熵变化越大，则 $\mathrm{Sig}(p, P_0)$ 的值就越大，反之亦然。

2. 基于粗糙熵的属性约简算法

由于属性核是任何约简的的交集，而且属性核是唯一的，因此，我们从属性核出发，以知识的粗糙熵为启发式信息，即令 $P_0=\mathrm{Core}$，通过不断地选取 $\mathrm{Sig}(p, P_0)$ 最大的属性 p，即 $\mathrm{RE}(P_0\cup\{p\})$ 最小的属性 p 添加到 C_0 中，直到粗糙熵 $\mathrm{RE}(P_0)=\mathrm{RE}(R)$。

(1)基于粗糙熵的信息系统属性约简算法

输入：信息系统 $S=(U, R, V, f)$，R 为属性集；

输出：信息系统的一个最小属性约简。

步骤 1：计算知识 R 的属性核 Core，令 $P_0=\mathrm{Core}$；

步骤 2：如果 $\mathrm{RE}(P_0)=\mathrm{RE}(R)$ 转步骤 7；

步骤 3：对每个 $p\in R\setminus P_0$，执行步骤 4~步骤 5。

步骤 4：计算 $\mathrm{RE}(P_0\cup\{p\})$；

步骤 5：选择使 $\mathrm{RE}(P_0\cup\{p\})$ 最小的属性 p，令 $P_0=P_0\cup p$；

步骤 6：如果 $\mathrm{RE}(R)\neq\mathrm{RE}(P_0)$，转步骤 3；

步骤 7：输出 P_0 为最小属性约简，算法结束。

(2)实例分析

利用该算法对表 4-1 给出的信息系统提取属性约简。

步骤 1：由于 $\mathrm{Sig}(a_1, R)=\mathrm{Sig}(a_2, R)=0$，$\mathrm{Sig}(a_3, R)\approx 0.098$，计算得表 4-1 的属性核 $P_0=\{a_3\}$。

步骤 2：计算得 $\mathrm{RE}(R)\neq\mathrm{RE}(P_0)$，$R\setminus P_0=\{a_1, a_2\}$，转步

骤 3。

步骤 3 ~ 步骤 6：粗糙熵 $\mathrm{RE}(P_0\cup\{a_1\})=\mathrm{RE}(P_0\cup\{a_2\})=\mathrm{RE}(R)$。

步骤 7：求得表 1 的最小属性约简为$\{a_1, a_3\}$或$\{a_2, a_3\}$。

利用以上算法求得表 4-1 的属性约简结果与文中约简结果相一致（张文修，2005）。由分析可知，本书以粗糙熵为启发式信息，提出的属性约简算法能有效地获取最优或次优约简。

4.3.2 基于知识粗糙熵的序信息系统约简算法

在现实世界中，由于我们所获得信息的复杂性或不确定性，信息系统中的属性关系不仅仅是基于等价关系的，即属性值之间可能存在着一定的优势关系，或有某些属性值是缺失的，因此基于这些特点，下面我们将引入序信息系统中的属性研究。

定义 4-8 （Shao，Zhang，2005）设四元组 $S=(U, A, V, f)$ 是一个信息系统，其中 U 表示对象的非空有限集合，也称为论域；A 表示属性的非空有限集合，$V=\cup\{V_a\mid a\in A\}$，V_a为属性 a 的值域；f：$U\times A\to V$ 是一个信息函数，它为每个对象的每个属性赋予一个信息值，即 $\forall a\in A$，$x\in U$，有 $f(x, a)\in V_a$。若对于 $\forall a\in A$，若其值域间存在递增或递减的序关系，则称该信息系统为序信息系统。

定义 4-9 设 $S=(U, A, V, f)$ 是一个序信息系统，对于 $B\subseteq A$，令 $R_B^{\geqslant}=\{(x_i, x_j)\in U\times U: f_l(x_i)\geqslant f_l(x_j), \forall a_l\in B\}$，则称 $R_B^{\geqslant}$ 为序信息系统 S 上的优势关系。

若记$[x_i]_B^{\geqslant}=\{x_j\in U\mid (x_j, x_i)\in R_B^{\geqslant}\}=\{x_j\in U\mid f_l(x_j)\geqslant f_l(x_i), \forall a_l\in B\}$，则称$[x_i]_B^{\geqslant}$ 为对象 x_i在属性集 B 下的优势类，即$[x_i]_B^{\geqslant}$ 表示在属性集 B 下所有优于 x_i的对象集合。令 $U/R_B^{\geqslant}=\{[x_i]_B^{\geqslant}\mid x_i\in U\}$，则 $U/R_B^{\geqslant}$ 构成了 U 上的覆盖，特别地，如果 $U/R_B^{\geqslant}=\{[x_i]_B^{\geqslant}\mid [x_i]_B^{\geqslant}=\{x_i\}, x_i\in U\}$，称其为最细分类；若 $U/R_B^{\geqslant}=\{[x_i]_B^{\geqslant}\mid [x_i]_B^{\geqslant}=\{U\}, x_i\in U\}$，称为最粗分类。

定义 4-10 设 $S=(U, A, V, f)$ 是一个序信息系统，$B\subseteq A$，若 $R_B^{\geqslant}=R_A^{\geqslant}$，且对于 $\forall b\in B$，有 $R_{B-\{b\}}^{\geqslant}\neq R_A^{\geqslant}$，则称 B 是序信息系统中在优势关系下的约简。当所有约简的交集非空时，则称此非空集为序信

息系统的核。

1. 序信息系统中知识的粗糙熵

定义 4-11　设 $S=(U, A, V, f)$ 是一个序信息系统，对于任意 $B \subseteq A$ 定义知识 B 的粗糙熵为：

$$\mathrm{KE}(B)=\sum_{i=1}^{|U|}\frac{|[x_i]_B^{\geqslant}|}{|U|^2}\log_2|[x_i]_B^{\geqslant}| \tag{4-9}$$

显然，当 $R_B^{\geqslant}$ 为最细分类时，论域 U 上任意两个对象在 $R_B^{\geqslant}$ 下都可分辨，知识 B 的粗糙熵达到最小值 0；当 $R_B^{\geqslant}$ 为最粗分类时，论域 U 上任意两个对象在 $R_B^{\geqslant}$ 下都不可分辨，知识 B 的粗糙熵达到最大值 $\log_2|U|$，这与直观解释是完全一致的。

定理 4-3　设 $S=(U, A, V, F)$ 是一个信息系统，对于 $Q \subseteq P \subseteq A$，令 $U/R_P^{\geqslant}=\{[x_i]_P^{\geqslant} \mid x_i \in U\}$，$U/R_Q^{\geqslant}=\{[x_i]_Q^{\geqslant} \mid x_i \in U\}$，则有

$$\mathrm{KE}(R_P^{\geqslant}) \leqslant \mathrm{KE}(R_Q^{\geqslant}) \tag{4-10}$$

证明：由 $Q \subseteq P$ 可知，对于 $\forall x_i \in U$ 有 $[x_i]_P^{\geqslant} \subseteq [x_i]_Q^{\geqslant} \Rightarrow |[x_i]_P^{\geqslant}| \leqslant |[x_i]_Q^{\geqslant}|$。根据定义 4-11 可得，$\mathrm{KE}(R_P^{\geqslant})-\mathrm{KE}(R_Q^{\geqslant})=\sum_{i=1}^{|U|}\frac{|[x_i]_P^{\geqslant}|}{|U|^2}\log_2|[x_i]_P^{\geqslant}|-\sum_{i=1}^{|U|}\frac{|[x_i]_Q^{\geqslant}|}{|U|^2}\log_2|[x_i]_Q^{\geqslant}|$，显然有 $\mathrm{KE}(R_P^{\geqslant})-\mathrm{KE}(R_Q^{\geqslant}) \leqslant 0$。即 $\mathrm{KE}(R_P^{\geqslant}) \leqslant \mathrm{KE}(R_Q^{\geqslant})$，定理得证。

定理 4-4　在信息系统 $S=(U, A, V, F)$ 中，$P \subseteq A$，$\forall p \in P$，定义知识 p 关于 P 的重要性为：

$$\mathrm{Sig}(p, P)=\mathrm{KE}(P \setminus \{p\})-\mathrm{KE}(P) \tag{4-11}$$

性质 4-4　属性 p 为知识 P 所必要的属性，当且仅当 $\mathrm{Sig}(p, P)>0$。

性质 4-5　知识 P 中所有必要的属性组成 P 的属性核 $\mathrm{Core}(P)$。

定理 4-5　设 $S=(U, A, V, F)$ 是一个序信息系统，$B \subseteq A$，若 $\mathrm{KE}(R_B^{\geqslant})=\mathrm{KE}(R_A^{\geqslant})$，且对 $\forall b \in B$，有 $R_{B-\{b\}}^{\geqslant} \neq R_A^{\geqslant}$，则称 B 为序信息系统的约简。

例 4-2　表 4-2 给出了一个序信息系统，其中 $U=\{x_1, x_2, \cdots, x_6\}$，属性集 $A=\{a_1, a_2, a_3\}$。

表 4-2　　　　**序信息系统**

U	a_1	a_2	a_3
x_1	1	2	1
x_2	3	2	2
x_3	1	1	2
x_4	2	1	3
x_5	3	3	2
x_6	3	2	3

由 $A=\{a_1, a_2, a_3\}$ 得，$[x_1]_A^{\geqslant}=\{x_1, x_2, x_5, x_6\}$，$[x_2]_A^{\geqslant}=\{x_2, x_5, x_6\}$，$[x_3]_A^{\geqslant}=\{x_2, x_3, x_4, x_5, x_6\}$，$[x_4]_A^{\geqslant}=\{x_4, x_6\}$，$[x_5]_A^{\geqslant}=\{x_5\}$，$[x_6]_A^{\geqslant}=\{x_6\}$。设 $B_1=\{a_1, a_3\}$，则有 $[x_1]_{B_1}^{\geqslant}=U$，$[x_2]_{B_1}^{\geqslant}=\{x_2, x_5, x_6\}$，$[x_3]_{B_1}^{\geqslant}=\{x_2, x_3, x_4, x_5, x_6\}$，$[x_4]_{B_1}^{\geqslant}=\{x_4, x_6\}$，$[x_5]_{B_1}^{\geqslant}=\{x_2, x_5\}$，$[x_6]_{B_1}^{\geqslant}=\{x_6\}$。设 $B_2=\{a_2, a_3\}$，得 $R_A^{\geqslant}=R_{B_2}^{\geqslant}$。计算粗糙熵 $\mathrm{KE}(R_A^{\geqslant})=\mathrm{KE}(R_{B_2}^{\geqslant})\approx 0.732$，$\mathrm{KE}(R_{B_1}^{\geqslant})=0.997$。因此有 $\mathrm{KE}(R_A^{\geqslant})<KE(R_{B_1}^{\geqslant})$，$\mathrm{KE}(R_A^{\geqslant})=\mathrm{KE}(R_{B_2}^{\geqslant})$。

由于属性核为属性约简的子集，在以属性核起点的启发式约简过程中，我们往往通过一种度量方法不断地向属性核中增加属性来获取属性约简，下面从另一种角度定义属性重要度。

定义 4-12　在信息系统 $S=(U, A, V, f)$ 中，$A_0\subseteq A$，定义 $\forall a\in A\setminus A_0$ 关于属性 A_0 的重要性为：$\mathrm{Sig}(a, A_0)=\mathrm{KE}(A_0)-\mathrm{KE}(A_0\cup\{a\})$。

(4-12)

由定义 4-12 可知，属性 a 关于属性集 A_0 的重要性是由 A_0 中添加属性 a 后所引起的粗糙熵变化的大小来度量的，即粗糙熵变化越大，则 $\mathrm{Sig}(a, A_0)$ 的值就越大，反之亦然。

2. 基于知识粗糙熵的序信息系统约简算法

由于属性核的唯一性，下面我们从属性核出发，以知识的粗糙熵为启发式信息，即令 $A_0=\mathrm{Core}$，通过不断地选取 $\mathrm{Sig}(a, A_0)$ 最大的属

性 a，即 $KE(A_0 \cup \{a\})$ 最小的属性 a 添加到 A_0 中，直到粗糙熵 $KE(A_0)=KE(A)$。

输入：序信息系统 $S=(U, A, V, f)$，A 为属性集；

输出：序信息系统的一个最小属性约简。

步骤 1：计算属性 A 的核 Core，令 $A_0=\text{Core}$；

步骤 2：若 $KE(A_0)=KE(A)$ 转步骤 7；

步骤 3：对任意 $a \in A \setminus A_0$，执行步骤 4 和步骤 5；

步骤 4：计算 $KE(A_0 \cup \{a\})$；

步骤 5：选择 $KE(A_0 \cup \{a\})$ 最小的属性 a，令 $A_0=A_0 \cup a$；

步骤 6：如果 $RE(A) \neq KE(A_0)$，转步骤 3；

步骤 7：输出 A_0 为最小属性约简，算法结束。

例 4-3　利用本文算法对表 4-1 给出的序信息系统提取属性约简。

由于 $Sig(a_1, A)=0$，$Sig(a_2, A)>0$，$Sig(a_3, R)>0$，计算得表 4-1 的属性核 $A_0=\{a_2, a_3\}$，转步骤 2 计算得 $KE(A_0)=KE(A)$，转步骤 7 求得表 4-2 的最小属性约简为 $\{a_2, a_3\}$。

通过上面算法求得表 4-2 的属性约简结果与文中约简结果相同（张文修，等，2005）。由上面分析可知，本书从属性核出发，以知识粗糙熵为启发式信息提出的约简算法能有效地获取最小约简。

4.3.3　信息系统中的多粒度度量

由于人类在认知事物的过程中，对问题的分析都是在一定的粒度条件下进行的，因此人们在图像识别过程中的知识表示（特征提取）具有粒度性，图像的确定性与不确定性是信息在不同知识粒度层次上的不同表现形式，在一定的粒度层次上两者可以相互转化。

在上述的粒计算模型中，对信息系统中对象的分析主要基于单粒度空间的范畴，即从整体的知识关系分析信息粒，但是在面对多源信息系统、分布式信息系统以及高维数据分析时，需要从多个粒度空间研究，因此，Qian 等人（2010）从多个粒度层次出发，提出了多粒度粗糙集模型。

在多粒度空间决策中，按照“求同存异”和“求同排异”策略，分别引入了乐观多粒度粗糙集和悲观多粒度粗糙集（刘盾，2013）。“求同存异”策略是指每个决策者根据自己的粒空间进行决策，而不反对其他决策者给出的粒空间的决策，是一种乐观的决策策略。“求同排异”的策略是指有决策者使用共同满意的方案进行决策，而存在分歧的方案不能用于决策，是一种悲观或保守的决策策略。

下面分别引入乐观粗糙近似和乐观决策粗糙集理论。

定义 4-13(刘盾，2013) 设 $S=(U, A, f)$ 是一个信息系统，$X \subseteq U$，R_1，R_2，…，$R_m \subseteq A$，则 X 关于 R_1，R_2，…，R_m 的乐观多粒度粗糙集的下、上近似分别定义为：

$$\underline{\sum_{i=1}^{m} R_i^O}(X) = \{x: [x]_{R_1} \subseteq X \vee [x]_{R_2} \subseteq X \vee \cdots \vee [x]_{R_m} \subseteq X,\ x \in U\},\ \overline{\sum_{i=1}^{m} R_i^O}(X) = \neg \underline{\sum_{i=1}^{m} R_i^O}(\neg X)$$

其中，$[x]_{R_1}$，$i \in \{1, 2, \cdots, m\}$ 是由属性集 A 导出的等价类，$\neg X$ 是 X 的补集。

定义 4-14 假设 R_1，R_2，…，$R_m \subseteq A$ 是属性集 A 中的 m 个粒结构，$D=\{D_1, D_2, \cdots, D_n\}$ 是属性集 A 导出的等价类的集合，乐观多粒度决策粗糙集的下近似 $\underline{\sum_{i=1}^{m} R_i^O}(D_j)$ 和上近似 $\overline{\sum_{i=1}^{m} R_i^O}(D_j)$ 分别定义为：$\underline{\sum_{i=1}^{m} R_i^O}(D_j) = \{x: ([x]_{R_1}) \subseteq D_j \vee ([x]_{R_2} \subseteq D_j \vee \cdots \vee [x]_{R_m} \subseteq D_j,\ x \in U\}$；$\overline{\sum_{i=1}^{m} R_i^O}(D_j) = \{x: [x]_{R_1}) \cap D_j \neq \varnothing \vee [x]_{R_2} \cap D_j \neq \varnothing \vee \cdots \vee [x]_{R_n} \cap D_j \neq \varnothing,\ x \in U\}$；其中，$[x]_{R_i}$，$i \in \{1, 2, \cdots, m\}$ 是由属性集 A 导出的等价类。

定义 4-15 设 $S=(U, A, f)$ 是一个信息系统，$x \in U$，R_1，R_2，…，$R_m \subseteq A$，$D=\{D_1, D_2, \cdots, D_n\}$ 是属性集 A 导出的等价类的集合。对于任意属性集 $C \subseteq A$，令 $OC(D) = \left\{ \underline{\sum_{i=1}^{m} R_i^O}(D_j), \underline{\sum_{i=1}^{m} R_i^O}(D_2) \cdots, \underline{\sum_{i=1}^{m} R_i^O}(D_n) \right\}$，若有任意的 $R \subseteq C$，使 $OC(D) = OR(D)$，则称 R 为 C 相对于决策集 D 的约简。

定义 4-16　设 $S=(U, A, f)$ 是一个信息系统，$x\in U$，R_1，R_2，…，$R_m\subseteq A$，定义 R_i 的知识粒度 $GD(R_i)$ 定义为：

$$GD(R_i)=\sum_{i=1}^{n}\frac{|[x]_{R_i}|^2}{|U|^2}。\tag{4-13}$$

由定义 4-16 可知，$\frac{1}{|U|}\leqslant GD(R_i)\leqslant 1$。当属性 R_i 对论域的划分最精细时，知识 R_i 的粒度达到最小值 $\frac{1}{|U|}$；当属性 R_i 对论域的划分最粗糙时，知识 R_i 的粒度达到最大值 1。由分析可得性质 4-6 和性质 4-7。

性质 4-6　若 R 为 C 相对于决策集 D 的约简，则有 $GD(R)=GD(C)$。　(4-14)

性质 4-7　在信息系统 $S=(U, C, f)$ 中，对 $\forall R_i\in C$，$i=1, 2, \cdots, m(m=|C|)$，则有 $GD(\{R_1\})\geqslant GD(\{R_1\}\cup\{R_2\})\geqslant\cdots\geqslant GD(\{R_1\}\cup\{R_2\}\cup\cdots\cup\{R_m\})=GD(C)$。　(4-15)

由性质 4-7 可知，知识的粒度随着粒层次的增加而减小，不同的粒结构下所获取的信息不同，即选择合适的粒空间对问题的解决、决策非常重要。例如，在对图像分析时，随着镜头与图像之间距离逐步缩小，人们所获得的目标图像由粗粒度逐步变为细粒度，即从一个图像的轮廓逐渐清晰地分辨出目标物。因此，在图像识别过程中，面对粗粒度图像时，对图像的决策可暂列入延迟决策，等待获得细粒度图像时决策。

4.4　基于粒计算的图像区域相似性度量方法

4.4.1　图像特征信息的粒计算表示

定义 4-17(图像特征信息表)　在信息系统 $S=(U, A, V, f)$ 中，若 U 表示由某个目标图像区域和待比较的多个图像区域组成的论域，其中 $x_i\in U$ 表示第 i 个图像区域，$a\in A$ 为任意一个图像特征(如颜色、纹理、形状、大小等特征)，对 $\forall a \in A$，$x_i \in U$，有 $f(x_i, a) \in V_a$ 表示区域 x_i 关于特征 a 的特征值，则称信息系统 S 为一个图像特征信息表。

在图像特征信息表中，对任意图像特征 $a \in A$，其值域 V_a 中存在递增或递减的序关系，因此图像特征信息表为序信息系统。下文中提到的序信息系统，如无特殊说明，均指图像特征信息表。本书的研究主要基于经过图像分割的目标图像区域和待比较的多个图像区域及代表这些图像区域的图像特征所组成的图像特征信息表，而对于如何进行图像分割、特征提取及原始数据的预处理不做重点探讨(Hoi, et al., 2006；周成虎，等，2009；刘仁金，黄贤武，2005)。

在序信息系统中，往往关心的是对象间的序关系，下面给出序关系的定义。

定义 4-18(序关系)　在序信息系统 $S=(U, A, V, f)$ 中，令 $C_a(x_i, x_j)$ 表示对象 x_i 和 x_j 关于属性 a 的序关系，若 $f(x_i, a)>f(x_j, a)$，令 $C_a(x_i, x_j)=(a, 1)$ 或 a_1，即 $(a, 1)$ 表示对象 x_i 在属性 a 上优于对象 x_j；反之，当 $f(x_i, a)<f(x_j, a)$ 时，令 $C_a(x_i, x_j)=(a, -1)$ 或 a_{-1}，即 $(a, -1)$ 表示对象 x_i 在属性 a 上反优于 x_j，或称 x_j 优于 x_i；当 $f(x_i, a)=f(x_j, a)$ 时，令 $C_a(x_i, x_j)=(a, 0)$ 或 a_0，即 $(a, 0)$ 表示对象 x_i 在属性 a 上和对象 x_j 一样好。

性质 4-8　在序信息系统 S 中，$R \subseteq A$，$a \in R$，$v \in \{0, 1, -1\}$，若令 $C_R(x_i, x_j)$ 表示任意对象 x_i，$x_j \in U$ 关于属性集 R 的序关系，则有 $C_R(x_i, x_j)=\{\bigwedge_{\forall a \in R} a_v \mid C_a(x_i, x_j)=a_v\}$(其中 $\wedge$ 为合取联结词)。

由以上分析可知，在序信息系统中主要考虑对象之间的序关系，而不考虑对象本身之间的关系，即仅考虑对象对 $(x_i, x_j) \in U'=U\times U-\{(x_i, x_i) \mid x_i \in U\}$，因此可以将序信息系统 S 转化为论域 U' 上的有序矩阵形式，下面给出有序矩阵的定义。

定义 4-19　(有序矩阵)在序信息系统 $S=(U, A, V, f)$ 中，设 $U=\{x_1, x_2, \cdots, x_n\}$。$\forall a \in A$，令 $C_a(x_i, x_j)$ 表示对象 x_i 和 x_j 关于属性 a 的序关系，则序信息系统中对象对关于属性集 A 的有序矩阵 $OM(A)=(m_{ij})_{n\times n}$，其中矩阵元素 m_{ij}：

$$m_{ij}=\begin{cases}\cup\{C_a(x_i,\ x_j)\mid\forall a\in A\},& i\neq j\\ \varnothing,& i=j\end{cases}\tag{4-16}$$

由定义 4-19 可知，有序矩阵保持了序信息系统 S 上的序关系，为明确反映任意两个图像区域关于图像特征的序关系，可以将图像特征信息表转换为有序矩阵形式。

由于各个图像特征对任意两个区域间序关系的重要性并不相同，而且各个图像特征对论域 U' 的划分粒度也不同，即得到的图像特征粒的大小不同，下面给出有序矩阵中图像特征粒的概念。

定义 4-20(基本粒)　在有序矩阵 $OM(A)$ 中，令 $a\in A$，$v\in\{0,1,-1\}$，设 (a,v) 或 a_v 为有序矩阵中属性 a 对应的一个原子公式，$m(a_v)=\{(x_i,\ x_j)\in U'\mid C_a(x_i,\ x_j)=a_v\}$ 表示原子公式 a_v 所对应的对象对 $(x_i,\ x_j)$ 的集合，即原子公式 a_v 的意义集，则称二元对 $(a_v,\ m(a_v))$ 为有序矩阵上的一个基本粒。

由上面定义可知，在图像特征信息表所对应的有序矩阵中，任意元素 m_{ij}(其中 $i\neq j$) 均是由有序矩阵上的任意图像特征 a 和特征值 v 对应原子公式组成的集合，而 m_{ij} 中任意的原子公式 a_v 的意义集 $m(a_v)$ 是由满足原子公式 a_v 的任意两区域组成的二元对的集合，基本粒 $(a_v,\ m(a_v))$ 称为基本特征粒。

定义 4-21(图像特征粒)　在图像特征信息表对应的有序矩阵 $OM(A)$ 中，设 φ 是由 m_{ij} 中有限个原子公式通过合取联结词($\wedge$)组成的公式，R 表示这些原子公式分别对应的图像特征所组成的集合，令 $m(\varphi)=\{(x_i,\ x_j)\in U'\mid C_R(x_i,\ x_j)=\varphi\}$，则 $m(\varphi)$ 表示有序矩阵 $OM(A)$ 中所有满足公式 φ 的区域二元对的集合，称 $(\varphi,\ m(\varphi))$ 为有序矩阵上的一个特征粒，特别地，基本特征粒是有序矩阵上的特征粒。

由于有序矩阵 $OM(A)$ 上的任意粒均可由公式 φ 及其意义集 $m(\varphi)$ 构成，因此令 $G_r=(\varphi,\ m(\varphi))$ 表示有序矩阵 $OM(A)$ 中的特征粒，设 $\mathrm{gu}(G_r)$ 表示从特征粒到区域二元对集合的映射，对于任意粒 $G_r=(\varphi,\ m(\varphi))$，有 $\mathrm{gu}(G_r)=m(\varphi)$。

定义 4-22(λ 阶粒库)　设 $G_r=(\varphi,\ m(\varphi))$ 为有序矩阵 $OM(A)$ 上的任意粒，若令 λ 表示公式 φ 的阶数，记 $\lambda=\mathrm{Num}(\varphi)$(其中 $\mathrm{Num}(\varphi)$ 表示公式 φ 所包含的合取项的个数)，则称粒 G_r 为 λ 阶粒。有序矩阵

中所有 λ 阶粒组成的集合称为 λ 阶粒库。

性质 4-9 在有序矩阵 $OM(A)$ 中，对于任意粒 $G_r=(\varphi, m(\varphi))$，有 $1\leqslant\lambda\leqslant|A|$（$|A|$表示属性集合 A 的基数）。

由性质 4-9 可知，当 $\lambda=1$ 时，表示粒 G_r 为最低阶粒，即 1 阶粒；当 $\lambda=|A|$ 时，表示粒 G_r 为最高阶粒，即 $|A|$ 阶粒。

定理 4-6 在有序矩阵 $OM(A)$ 中，设 $S\subseteq R\subseteq A$，令 $GK(R)$、$GK(S)$ 分别为有序矩阵 $OM(A)$ 上的 $|R|$ 阶、$|S|$ 阶粒库，对 $\forall G_r\in GK(R)$，$\forall G_s\in GK(S)$，则有 $gu(G_r)\subseteq gu(G_s)$。

证明： 由于 $S\subseteq R\subseteq A$，设 a_l，b_k 为有序矩阵 $OM(A)$ 上的原子公式，令 $\varphi_1=a_l\wedge b_k\wedge\varphi$，其中 φ 是由 m_{ij} 中的一个或多个原子公式合取得到的公式，$\varphi_2=a_l\wedge b_k$，则有 $G_r=(\varphi_1, m(\varphi_1))$，$G_s=(\varphi_2, m(\varphi_2))$。

对于任意的区域二元对 $(x_1, x_2)\in U'$，若 $(x_1, x_2)\in m(\varphi_1)$，则有 $(x_1, x_2)|\approx a_l\wedge b_k\wedge\varphi$（其中，$|\approx$ 为满足符），由定义 4-7 可知 (x_1, x_2) 满足：$C_a(x_1, x_2)=a_l$ 且 $C_b(x_1, x_2)=b_k$ 且 $(x_1, x_2)|\approx\varphi$，故 (x_1, x_2) 满足：$C_a(x_1, x_2)=a_l$ 且 $C_b(x_1, x_2)=b_k$，即 $(x_1, x_2)|\approx a_l\wedge b_k$，因此有 $(x_1, x_2)\in m(a_l\wedge b_k)=m(\varphi_2)=gu(G_s)$。

由对象对 (x_1, x_2) 的任意性，可得 $m(\varphi_1)=gu(G_r)\subseteq m(\varphi_2)=gu(G_s)$，故结论成立。

由定理 4-6 可知，在有序矩阵中，$gu(G_r)$ 为论域 U' 上关于特征集 R 的序关系相同的区域二元对组成的集合，即这些区域二元对在特征集 R 下的序关系不可分辨，即 $gu(G_r)$ 可以看作是特征集 R 的序关系下的不可分辨的区域二元对的集合，因此，$GK(R)$ 组成的集合构成了特征 R 在论域 U' 上的一个划分粒度。

同理可知，$gu(G_s)$ 可以看作是特征集 S 的序关系下的不可分辨的区域二元对的集合，$GK(S)$ 组成的集合构成了特征集 S 在论域 U' 上的一个划分粒度，由此可得性质 4-10。

性质 4-10 在有序矩阵 $OM(A)$ 中，设 $S\subseteq R\subseteq A$，$GK(R)$、$GK(S)$ 分别为有序矩阵 $OM(A)$ 上的 $|R|$ 阶、$|S|$ 阶粒库，对 $\forall G_r\in GK(R)$，$\forall G_s\in GK(S)$，则有 $|gu(G_r)\leqslant gu(G_s)$。　　(4-17)

从性质 4-10 可以看出，特征集对论域的划分粒度大小（即不可分辨区域二元对集合的基数）随着特征集的基数（特征集中特征的个数）的增加而减小。因此，各个图像特征对区域间的划分不同（即划分粒度大小）是引起各图像特征对区域间序关系的重要性不同的主要原因，下面给出图像特征的重要性定义。

定义 4-23（图像特征重要度）　在有序矩阵 $OM(A)$ 中，$a \in A$，定义特征 a 关于特征集 A 的重要度 $\mathrm{Sig}_A(a)$ 为：

$$\mathrm{Sig}_A(a) = \frac{1 - \sum_{G_r \in GK(A)} |\mathrm{gu}(G_r)|^2}{\sum_{G_s \in GK(A-a)} |\mathrm{gu}(G_s)|^2} \tag{4-18}$$

由定义 4-23 可知，特征 a 关于 A 对论域 U' 的重要程度可由特征 A 中去掉 a 后所引起的粒度变化的大小来度量，即 $\mathrm{Sig}_A(a)$ 的值越小，则表明特征 $a \in A$ 关于 A 对论域 U' 的重要性就越小。

反之，若 $\mathrm{Sig}_A(a)$ 的值越大，则表明特征 $a \in A$ 关于特征集 A 对论域 U' 的重要性就越大。

4.4.2　图像区域相似性度量方法

由于在图像特征信息表中，各个图像特征对图像区域的重要性不同，因此，度量图像区域间相似度应当考虑图像特征的权值，下面给出图像特征的权值定义。

定义 4-24（图像特征权值）　设图像特征信息表 $S=(U, A, V, f)$，其中 $U=\{x_1, x_2, \cdots, x_n\}$，定义图像特征 $a \in A$ 的权值为：

$$\omega_A(a) = \frac{\mathrm{Sig}_A(a)}{\sum_{a \in A} \mathrm{Sig}_A(a)} \tag{4-19}$$

性质 4-11　设图像特征信息表 $S=(U, A, V, f)$，图像特征 $a \in A$，则有 $\sum_{a \in A} \omega_A(a) = 1$。　　(4-20)

证明：由定义 4-24 容易证得，证明略。

定义 4-25　设图像特征信息表 $S=(U, A, V, f)$，其中图像特征 $a \in A$，图像区域 x_i，$x_j \in U(i, j=1, 2, \cdots, n)$，令 $a(x_i)$ 表示区域

x_i关于 a 的特征值，则区域 x_i，x_j关于图像特征 $a \in A$ 的距离定义如下：

$$D_a(x_i,\ x_j) = \begin{cases} \dfrac{|a(x_i) - a(x_j)|}{\sum\limits_{i=1}^{n} \dfrac{a(x_i)}{n}}, & |a(x_i) - a(x_j)| < \sum\limits_{i=1}^{n} \dfrac{a(x_i)}{n} \\ 1, & \text{其他} \end{cases} \tag{4-21}$$

由定义 4-25 可知，$0 \leqslant D_a(x_i,\ x_j) \leqslant 1$，即当 $D_a(x_i,\ x_j) = 0$ 时，区域 x_i，x_j关于图像特征 a 的距离最小；反之当 $D_a(x_i,\ x_j) = 1$ 时，区域 x_i，x_j关于图像特征 a 的距离最大。由此可定义区域 x_i，x_j关于图像特征 $a \in A$ 的相似度。

定义 4-26 设图像特征信息表 $S=(U,\ A,\ V,\ f)$，其中图像区域 x_i，$x_j \in U(i,\ j=1,\ 2,\ \cdots,\ n)$，$D_a(x_i,\ x_j)$为区域 x_i，x_j关于图像特征 $a \in A$ 的距离，则定义区域 x_i，x_j关于图像特征 $a \in A$ 的相似度为：$\mathrm{sim}_a(x_i,\ x_j) = 1 - D_a(x_i,\ x_j)$。 (4-22)

定义 4-27(图像区域相似度) 设图像特征信息表 $S=(U,\ A,\ V,\ f)$，其中图像区域 x_i，$x_j \in U(i,\ j=1,\ 2,\ \cdots,\ n)$，$\mathrm{sim}_a(x_i,\ x_j)$为区域 x_i，x_j关于图像特征 $a \in A$ 的相似度，则定义区域 x_i，x_j关于特征集 A 的相似度：

$$\mathrm{sim}_A(x_i,\ x_j) = \sum_{a \in A} \omega_A(a)\,\mathrm{sim}_a(x_i,\ x_j) \tag{4-23}$$

4.4.3 实例分析

表 4-3 给出了一个由 7 个图像区域$\{x_1,\ x_2,\ x_3,\ \cdots,\ x_7\}$和图像特征集 $A=\{a,\ p,\ c,\ f,\ s,\ r,\ g,\ \varphi,\ w\}$构成的图像特征信息表(李年攸，2005)，$A$ 由纹理、平均灰度级、球状性、轮廓复杂度等图像特征组成的属性集，比较图像区域 x_1 与其他各个图像区域间的相似度。(其中，a：面积，p：周长，c：圆形度，f：轮廓复杂度，s：球状性，r：矩形性，g：平均灰度级，φ：区域矩，w：纹理)

表 4-3　　　　　　　　**图像特征信息表**

U	x_1	x_2	x_3	x_4	x_5	x_6	x_7
a	588	565	952	952	802	787	548
p	117	113	175	175	154	147	108
c	0.54	0.56	0.59	0.59	0.71	0.73	0.38
f	23.24	22.44	21.18	21.47	17.64	17.26	33.24
s	0.66	0.66	0.65	0.65	0.75	0.75	0.49
r	0.51	0.53	0.72	0.72	0.76	0.77	0.56
g	78	78	64	64	149	149	172
φ	0.20	0.20	0.14	0.14	0.16	0.16	0.26
w	0.45	0.03	0.28	0.28	0.25	0	0.54

为说明本书研究方法的有效性，下面给出了图像区域 x_1 分别与区域 x_2，x_3，x_4，…，x_7 间相似度计算的简要过程。

首先，将表 4-3 转为有序矩阵 $OM(A)$，见表 4-4，根据有序矩阵 $OM(A)$，分别计算它的 9 阶粒 G_1 与 8 阶粒 G_2，其中，粒 $G_1=a_1p_1c_1-f_1s_0r_1-g_0\varphi_0w_1$，粒 $G_2=p_1c_1-f_1s_0r_1-g_0\varphi_0w_1$，显然 $gu(G_1)\subseteq gu(G_2)$；

同理可得，有序矩阵 $OM(A)$ 的 9 阶粒库与 8 阶粒库；

分别计算得，特征 a、b 的权值 $\omega_A(a)=\omega_A(c)=\omega_A(\varphi)=0$，$\omega_A(p)=0.072$，$\omega_A(f)=0.019$，$\omega_A(s)=\omega_A(r)=\omega_A(g)=0.239$，$\omega_A(w)=0.19$；

最后，计算得图像区域 x_1 与区域 x_2 间相似度 $sim_A(x_1, x_2)=\omega_A(a)\cdot sim_a(x_1, x_2)+\omega_A(p)\cdot sim_p(x_1, x_2)+\omega_A(c)\cdot sim_c(x_1, x_2)+\omega_A(f)\cdot sim_f(x_1, x_2)+\omega_A(s)\cdot sim_s(x_1, x_2)+\omega_A(r)\cdot sim_r(x_1, x_2)+\omega_A(g)\cdot sim_g(x_1, x_2)+\omega_A(\varphi)\cdot sim_\Phi(x_1, x_2)+\omega_A(w)\cdot sim_w(x_1, x_2)=0.8$；

同理，可分别计算得到图像区域 x_1 与区域 x_2，x_3，…，x_7 间的相似度：

$$\mathrm{sim}_A(x_1,\ x_2)=0.8;$$
$$\mathrm{sim}_A(x_1,\ x_3)\approx 073;$$
$$\mathrm{sim}_A(x_1,\ x_4)\approx 0.73;$$
$$\mathrm{sim}_A(x_1,\ x_5)\approx 0.55;$$
$$\mathrm{sim}_A(x_1,\ x_6)=0.5;$$
$$\mathrm{sim}_A(x_1,\ x_7)\approx 0.63;$$

同样的方法可计算出其余图像区域之间的相似性。

表 4-4　　有序矩阵 **OM(A)**

$$\left[\begin{array}{cccc}
\varnothing & a_1p_1c_{-1}f_1s_0r_{-1}g_0\varphi_0w_1 & a_{-1}p_{-1}c_{-1}f_1s_1r_{-1}g_1\varphi_1w_1 & a_{-1}p_{-1}c_{-1}f_1s_1r_{-1}g_1\varphi_1w_1 \\
a_{-1}p_{-1}c_1f_{-1}s_0r_1g_0\varphi_0w_{-1} & \varnothing & a_{-1}p_{-1}c_{-1}f_1s_1r_{-1}g_1\varphi_0w_{-1} & a_{-1}p_{-1}c_{-1}f_1s_1r_{-1}g_1\varphi_1w_1 \\
a_1p_1c_1f_{-1}s_{-1}r_1g_{-1}\varphi_{-1}w_{-1} & a_1p_1c_1f_{-1}s_{-1}r_1g_{-1}\varphi_{-1}w_1 & \varnothing & a_0p_0c_0f_{-1}s_0r_0g_0\varphi_0w_0 \\
a_1p_1c_1f_{-1}s_{-1}r_1g_{-1}\varphi_{-1}w_{-1} & a_1p_1c_1f_{-1}s_{-1}r_1g_{-1}\varphi_{-1}w_1 & a_0p_0c_0f_1s_0r_0g_0\varphi_0w_0 & \varnothing \\
a_1p_{-1}c_1f_{-1}s_1r_1g_1\varphi_{-1}w_{-1} & a_1p_1c_1f_{-1}s_1r_1g_1\varphi_{-1}w_1 & a_{-1}p_{-1}c_1f_{-1}s_1r_1g_1\varphi_1w_{-1} & a_{-1}p_{-1}c_1f_{-1}s_1r_1g_1\varphi_1w_{-1} \\
a_1p_1c_1f_{-1}s_1r_1g_1\varphi_{-1}w_{-1} & a_1p_1c_1f_{-1}s_1r_1g_1\varphi_{-1}w_{-1} & a_{-1}p_{-1}c_1f_{-1}s_1r_1g_1\varphi_1w_{-1} & a_{-1}p_{-1}c_1f_{-1}s_1r_1g_1\varphi_1w_{-1} \\
a_{-1}p_{-1}c_{-1}f_1s_{-1}r_1g_1\varphi_1w_1 & a_{-1}p_{-1}c_{-1}f_1s_{-1}r_1g_1\varphi_1w_1 & a_{-1}p_{-1}c_{-1}f_1s_{-1}r_{-1}g_1\varphi_1w_1 & a_{-1}p_{-1}c_{-1}f_1s_{-1}r_{-1}g_1\varphi_1w_1
\end{array}\right.$$

续

$$\left.\begin{array}{ccc}
a_{-1}p_1c_{-1}f_1s_{-1}r_{-1}g_{-1}\varphi_1w_1 & a_{-1}p_{-1}c_{-1}f_1s_{-1}r_{-1}g_{-1}\varphi_1w_1 & a_1p_1c_1f_{-1}s_1r_1g_{-1}\varphi_{-1}w_{-1} \\
a_{-1}p_{-1}c_{-1}f_1s_{-1}r_{-1}g_{-1}\varphi_1w_{-1} & a_{-1}p_{-1}c_{-1}f_1s_{-1}r_{-1}g_{-1}\varphi_1w_1 & a_1p_1c_1f_{-1}s_1r_{-1}g_{-1}\varphi_{-1}w_{-1} \\
a_1p_1c_{-1}f_1s_{-1}r_{-1}g_{-1}\varphi_{-1}w_1 & a_1p_1c_{-1}f_1s_{-1}r_{-1}g_{-1}\varphi_{-1}w_1 & a_1p_1c_1f_{-1}s_1r_1g_{-1}\varphi_{-1}w_{-1} \\
a_1p_1c_{-1}f_1s_{-1}r_{-1}g_{-1}\varphi_{-1}w_1 & a_1p_1c_{-1}f_1s_{-1}r_{-1}g_{-1}\varphi_{-1}w_1 & a_1p_1c_1f_{-1}s_1r_1g_{-1}\varphi_{-1}w_{-1} \\
\varnothing & a_1p_1c_{-1}f_1s_0r_{-1}g_0\varphi_0w_1 & a_1p_1c_1f_{-1}s_1r_1g_{-1}\varphi_{-1}w_{-1} \\
a_{-1}p_{-1}c_1f_{-1}s_0r_1g_0\varphi_0w_{-1} & \varnothing & a_1p_1c_1f_{-1}s_1r_1g_{-1}\varphi_{-1}w_{-1} \\
a_{-1}p_{-1}c_{-1}f_1s_{-1}r_{-1}g_1\varphi_1w_1 & a_{-1}p_{-1}c_{-1}f_1s_{-1}r_{-1}g_1\varphi_1w_1 & \varnothing
\end{array}\right]$$

通过上面实例，基于本书所提出的粒计算相似性度量方法计算所得，区域 x_1 与区域 x_2 的相似度最大，表明区域 x_1 与区域 x_2 的相似性较高，经分析得到实例结果与实际情况相符，因此本书基于粒计算理论所提出的图像区域间相似性度量方法能较为客观地反映图像区域信息间的相似性，从而为寻求有效的图像检索算法奠定了基础。

4.5 本章小结

目前图像检索的相似性度量方法中较多采用的是几何模型，这些方法针对特定的图像库检索结果较理想，不具有普适性，如何寻求更加接近人类主观视觉感知的图像乃至遥感图像相似性度量方法是研究热点和难点。

本章首先研究信息系统中的属性约简算法，针对信息系统和序信息系统，讨论了知识的粗糙性，为准确度量知识对论域划分的粗糙度，引入了知识的粗糙熵概念。基于知识粗糙熵随着知识划分块增大而单调增加的特点，分别提出了基于知识粗糙熵的信息系统属性约简和序信息系统属性约简算法，从而寻求有效的属性约简算法，有助于提高图像相似性度量的配准效率。

基于粒计算理论，将图像特征信息表转化为有序矩阵形式，通过对有序矩阵进行深入研究，引入了特征粒、λ 阶粒库的概念，从不同的粒度层次分析图像特征的重要性，保持了图像特征信息表中区域间的序关系，并基于粒计算理论给出了图像特征的权值，提出了一种可用于内容检索的图像区域相似性度量方法(Image Region Similarity Measure，IRSM)。

实例表明，本书提出的基于粒计算的相似性度量方法能客观、有效地度量图像区域间的相似程度，为粒计算理论在遥感图像相似性度量的研究提出了一种新的思路和方法，具有一定的实用性，有助于遥感图像内容检索技术的进一步发展与提高。

第5章　空间剖分数据存储调度服务模型研究

地理信息，本质上是整合的，每一事物、要素都包含空间位置信息，空间位置是信息之间唯一明显的标识。网络服务是用于访问Internet、并被其他应用使用的软件架构。空间数据网络服务是指在Internet上提供空间数据和地理功能服务，用户通过网络访问空间数据和功能，并把它们集成在自己的系统和应用中，而不需要额外开发特定的GIS工具或数据(邓淑明，胡思仁，2004)。

随着海量空间数据的快速增加，人们对空间数据实时处理及快捷应用的需求也在不断提高。空间数据网络服务模式经历文件共享到数据服务器的发展过程，但目前仍然存在诸如海量异构数据组织与管理、存储效率、服务模式效率、访问速度、快捷处理及应用等问题。本章针对上述问题进行探索性研究和讨论，并将给出可行的解决方案。

5.1　空间数据组织理论发展

空间信息网格(geospatial information gird)可分为广义和狭义两种，广义是指在网络技术支撑下，空间数据获取、更新、传输、存储、处理、分析、信息提取、知识发现到应用的新一代空间信息系统；狭义的是指在网格计算环境下的新一代地理信息系统，是广义空间信息网格的一部分(李德仁，2005)。狭义空间信息网格研究的基本问题是对地理空间的多层次划分，即空间位置的划分方法。传统的平面数据模型具有投影复杂且有变形、缺乏多尺度数据的集成管理等局限，不能完全满足全球多分辨率海量空间数据管理的要求，为了在全球范围内有效存储、提取和分析不断更新的海量信息，需要重新构建地球空间信息的球面数据模型(张永生，等，2007；Shao，Li，2009)。

全球空间数据组织是指按照一定规则对全球空间数据进行有序配置，主要包括空间数据地理空间索引架构及在此基础上的分割、编目、存储及相应的编码、表达与调度体系(程承旗语)。数据组织的优劣将直接影响数据的检索效率及应用性能。传统的基于地图的空间信息表达、组织、管理和发布方式不能满足全球空间数据管理的需要(Goodchild, 2000)。由于较大的浏览跨度下地球的曲面特征非常显著，传统的平面坐标系统以及相关的理论与算法均难以适应，因此多年来地球剖分数据模型技术是地学及空间信息等学科的研究重点。同时，矢量数据的传统分幅存储模式不利于全球空间数据的统一表达、管理和应用。因此，构建一个新的基于全球的、多尺度、融合空间索引机制、无缝、开放的层次性空间数据管理框架，并基于此框架实现各类空间数据的表达和组织成为实际应用中亟待解决的问题(关丽，等，2009)。针对异构海量空间数据如何高效管理和快捷应用，地球剖分格网理论(Global Subdivision Grid，GSG)是解决该问题的一个研究热点，该理论是一种多层次、多尺度的基于全球格网划分的数据组织方式，具备独特的性质及在空间信息表达与管理上的优势(宋树华，等，2008；程承旗，郭辉，2009；程承旗，等，2009)。

随着空间信息应用的范围不断扩大，人们对空间数据的需求日益增长，如何让地理信息更加方便地为大众服务成为急迫问题。Shao和Li(2009)提出面向服务的空间信息共享框架，对理论模型和技术特性进行了分析，并实现了其原型平台；Li和Shen(2010)提出了一种新的基于可量测实景影像(Digital Measurable Image，DMI)的空间信息服务模式。针对原有服务模式在处理空间数据时的不足，苗放等人(2007)提出了一种新的空间信息网络服务G/S(Geo-information browser/Spatial data servers)模式，并定义了其概念和内涵，建立了相关理论体系，解决了目前B/S、C/S模式在处理海量异构空间数据时存在的局限。

5.1.1 地球剖分组织理论

地球剖分理论是一种多层次、多尺度的基于全球格网划分的数据组织方式，在空间信息表达与管理上具备独特的优势。该理论研究如何将地球表面剖分为形状规则、变形较小的层状面片(剖分面片或面片，Partition Facet or Facet)，是一种新的基于全球，支持多分辨率、多尺度变换，空间位置分布均匀，融合空间索引机制，无缝、开放的层次性空间数据管理框架，能够实现全球范围内海量数据存储、提取和分析，解决传统数据模型在全球范围内多尺度、海量数据和层次数据上存在的局限性，保证全球空间数据的空间表达是全球的、连续的、层次的和动态的(宋树华，等，2008；程承旗，郭辉，等，2009；程承旗，等，2009；程承旗，等，2012)。

地球剖分理论研究的核心问题是剖分模型的构建，即以何种方式对地球进行多级划分，剖分后的面片应该是何种形状、如何编码等问题。目前，国内外研究成果大致可分为三类：经纬度格网模型、正多面体格网模型和自适应格网模型，剖分方法可归纳为多面体剖分、经验剖分和小波划分三种(Dutton，1999；Sarh，et al.，2003)。典型剖分模型有四元三角网(Quaternary Triangular Mesh，QTM)模型(Kimerling，1999)、球面三角区域四叉树剖分(Spherical Triangle Quadtree based on Icosahedron and ERLRP，STQIE)模型(White，1992)、空间信息多级网格(Spatial Information Multi-Grid，SIMG)模型(Shao，Li，2005)等。剖分模型一般采用四叉树结构和剖分编码来组织剖分面片，实现不同层级之间以及同一层级中不同面片之间相互关联的全球遥感影像体系。但有些剖分模型会存在计算复杂、剖分面片变形严重等问题，如经纬度格网模型存在高纬度地区变形严重、模型难以实际应用，正多面体格网模型映射关系计算量大且空间数据组织复杂，自适应格网模型很难进行递归划分、多尺度海量数据的关联和其他操作，所以很难满足宏观空间信息处理所需的高效率要求。

5.1.2　EMD 剖分模型

在国家 973 项目支持下，北京大学空天信息工程研究中心在融合国内外各种球面剖分模型优点的基础上，提出了基于地图分幅拓展的地球剖分模型(the Extended Model Based on Mapping Division，EMD)(宋树华，等，2008)。EMD 模型以地图分幅体系为子集，利用地形图分幅特性，按照经纬度划分网格，可以与现有的很多数据存档管理体系完美结合，省去了许多数据分割、裁剪、拼接步骤，该模型与现有空间数据及坐标表达方式存在简单明确的对应关系和良好的耦合性，具有较强的实用性和一定的普适性。

EMD 模型的主要思想是对于高纬度地区，采用“正多面体”以三角形进行剖分的方法，实现空间数据的组织；对于中低纬度区域，采用基于地图分幅的“等经纬度格网”剖分方法，继承并拓展地图分幅自身良好的剖分特性(谭亚平，等，2012)。具体的剖分方法如下：

①一级剖分。将地球从南纬 88°纬线圈到南极点之间的球面划分为一个面片；从北纬 88°纬线圈到北极点之间的球面划分为一个面片。以北纬 88°纬线、南纬 88°纬线和赤道横向分割地球表面得到 2 个纬线带，从西经 180°开始每 36°划分为一个经度带，共得到 20 个剖分面片。这些面片依次用 0，1，…，21 进行编码，如图 5-1(a)所示。

②二级至三级剖分。编码在 1~20 之间的一级剖分面片，可以按纬差 44°，经差 18°四等分得到二级剖分面片，并按照左下、右下、左上和右上的顺序分别赋以标识码 0，1，2 和 3。每个二级剖分面片按照纬差 4°经差 6°进行分割，得到 11×3 个三级剖分面片，如图 5-1(b)所示。

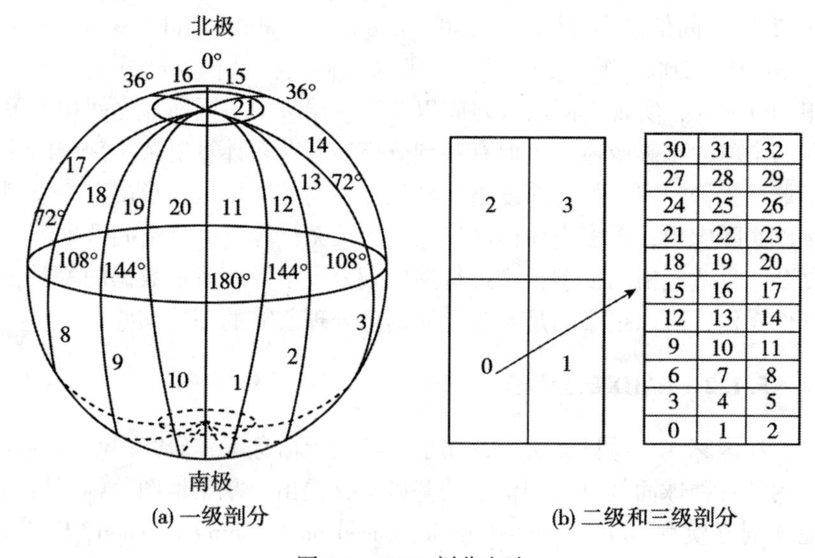

图 5-1　EMD 剖分方法

③四级以上剖分。从四级至六级剖分按照地形图分幅的划分规则进行，即依次完成四分、四分、九分剖分；从第七级剖分面片开始，

递归进行等经差等纬差的四叉树剖分。

④极地剖分。对于一级编码为0和21面片，采用“正多面体”以三角形进行剖分，然后利用Dutton提出的ZOT投影方法将“正多面体”各展开面投影到球面，与前面所述的地图分幅剖分方案在88°纬线处形成无缝拼接。

5.1.3 剖分面片及其编码

全球剖分模型将地球表面划分为形状相近、大小规则的多层次面片集合，为全球空间信息的组织、存储、索引、计算、表达及服务等提供依据。剖分面片是由空间剖分组织框架所定义的地理空间剖分单元，即特定剖分模型下各级剖分得到的离散网格单元(程承旗，等，2011)。剖分面片适用全球唯一的数字或字符编码表示，该编码能够与各种常用坐标系进行转换。同时，剖分面片对应于一个客观存在的地理区域，是全球剖分理论应用全球空间数据索引、存储、调度和表达的基础。剖分面片具有规则的几何形态和准确的地理空间位置范围，各层面片嵌套关联，从而连续覆盖了整个地球表面空间。因此，剖分面片成为人们对全球任意位置进行多尺度认知、交流及描述的基础。剖分面片的基本属性见表5-1。

表5-1 **剖分面片的基本属性**

内容	面片属性	含　义	示　例
基本特性	ID	面片编码	1010
	剖分层级	面片所处的剖分层级	5
	角点坐标	面片四个角点的坐标(按照左上角、左下角、右上角、右下角顺序)	(113.20，34.05) (113.20，35.05) (114.50，34.05) (114.50，35.05)
	中心点坐标	定位面片的中心点坐标	113.95，34.65
	面积	面片的面积(km^2)	5638.25
	地理位置	内陆、海洋等地区说明	内陆-河南省内

续表

内容	面片属性	含 义	示 例
变形特性	曲率	面片的平均曲率	0.000157
	投影面积	投影后的面片平面面积	14263.5
	冠高	曲面中心到投影平面的距离(m)	4.2
	平移变换精度	能够采用相对量进行坐标转换的面积与总面积的比率	0.09

剖分模型决定了同级层次剖分面片的结构和布局，也决定了不同层级面片的嵌套从属结构关系。剖分面片的层次、大小与空间尺度、地图比例尺以及遥感影像数据分辨率之间存在着天然的联系(程承旗，等，2012)。各级剖分面片的几何特征及其地图比例尺的对应关系见表5-2。

表5-2 **EMD模型几何特性统计表**

剖分级数	面片数目	面片范围		面片边长			对应比例尺
		经差	纬差	赤道方向	经线方向	单位	
1	20	36°	88°	4007501.67	9763270.65	m	1∶3300万
2	80	18°	44°	2003750.84	4881635.33	m	1∶800万
3	2640	6°	4°	667916.95	443785.03	m	1∶100万
4	10560	3°	2°	333958.47	221892.51	m	1∶50万
5	42240	1°30′	1°	166979.24	110946.26	m	1∶25万
6	380160	30′	20′	55659.75	36982.09	m	1∶10万
7	1520640	15′	10′	27829.87	18491.04	m	1∶5万
8	6082560	7′30″	5′	13914.94	9245.52	m	1∶2.5万
…	…	…	…	…	…	…	…
30	1.0701×10^{20}	0.0001″	0.00007″	0.33	0.22	cm	

剖分面片编码是为每一个剖分面片赋予的全球唯一的编码，对应不同剖分级别表达地理空间的一个固定区域。通常，按照一定的编码曲线对规则分布的面片进行顺序编码，并结合相应的算法建立面片的索引机制。常用的面片编码曲线有行序、H 序、Z 序等。

EMD 模型的剖分面片采用 GeoID 编码方式，它从空间、属性、时间三个最本质的空间数据特征来唯一标识空间实体，实现空间数据的 ID 身份标识(程承旗，关丽，2010)。GeoID 由 64 位的地址编码、84 位的属性编码、41 位的时间编码和 35 位扩展码构成，其中地址编码如图 5-2(a)所示。由于 64 位二进制编码在表示和书写上的不便，可以使用剖分级别和相应编码的是十进制的简化方法。一般来说，编码越短，表达的空间区域范围越大；编码越长，表达的空间区域范围越小。例如，连续四级剖分面片的编码和嵌套关系如图 5-2(b)所示。

面片编码是面片标识、面片索引的基础，体现了多尺度面片之间的嵌套、继承及邻近关系，为剖分区域的空间关系计算和模板化处理提供了便捷的途径。GeoID 编码将实现空间数据的全生命周期管理，从而大大降低空间数据组织和更新难度，提高空间数据整合与服务效率。

<table>
<tr><td colspan="7">Pole Region(88°~90°)</td></tr>
<tr><td>First level</td><td>Second level</td><td colspan="4">More than third level</td><td rowspan="3">/</td></tr>
<tr><td>5-bit</td><td>5-bit</td><td colspan="4">50-bit</td></tr>
<tr><td>0-4</td><td>5-9</td><td colspan="4">10-59</td></tr>
<tr><td colspan="7">Middle and low latitude(0°~88°)</td></tr>
<tr><td>1st</td><td>2nd</td><td>3rd</td><td>4th</td><td>5th</td><td>6th</td><td>7th and next level</td></tr>
<tr><td>0~4</td><td>5~6</td><td>7~12</td><td colspan="2">13~16</td><td>17~20</td><td>21~62</td></tr>
</table>

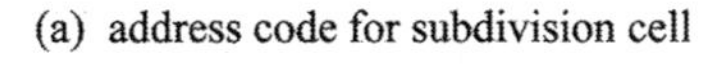

(a) address code for subdivision cell

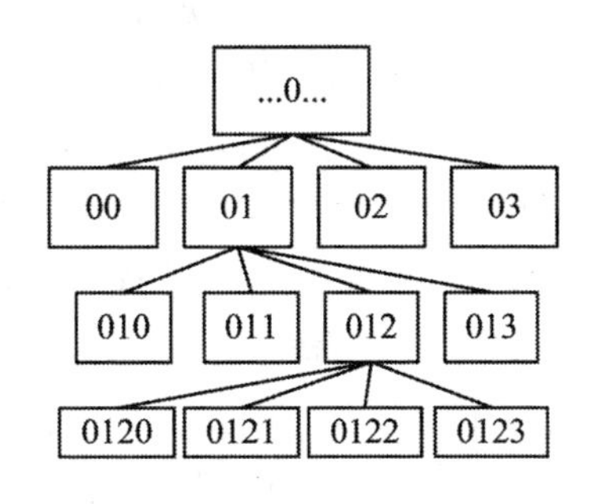

(b) Four levels subdivision codes

图 5-2　剖分面片地址编码及其简化表示

5.2　面向客户端聚合服务的 G/S 模式架构

数字地球平台是“数字地球”概念的延伸和实现，是集全球空间数据采集、存储、传输、转换、检索、处理、表达、分析、输出为一体的应用、服务以及决策支持系统。它是以多分辨率空间影像数据为基础，以 XML 为数据交换标准，以统一的坐标投影系统为框架，以空间数据基础设施为支撑，以三维可视化技术为手段，以分布式网络技术为纽带，是全新的观察地球、分析和研究地球、建立基于空间信息的各类应用和服务的有力工具(苗放，等，2007)。

在此基础上衍生出来的基于互联网的网状空间信息服务 G/S 模式吸取了 C/S 和 B/S 模式的优点，采用标准的、开放的超地理标记语言 HGML(Hyper Geographic Markup Language)对分布在网络上海量的、各种类型和格式的数据进行组织、交换、存储、调度和展示，按照“请求—聚合—服务”的客户端聚合服务工作机制，在客户端完成数据和功能的聚合，最终生成并实现各种空间信息服务，能有效地解决海量空间数据的组织管理和高效访问等难题。

5.2.1　基本架构

G/S 模式是以“数据分散、信息汇聚、服务聚合”为原则的架构体系，采用自适应和负载均衡的分布式服务器群存储、管理海量空间数据，对分布式网络环境下的各种类型、格式的数据(集)进行组织、存储和管理，同时客户端对分布在网络上的数据和服务进行聚合。

G/S 模式是结合了地理空间信息技术、计算机网络通信技术、虚拟现实、人工智能、多媒体技术、分布式存储和海量数据处理等多种现代技术的综合性模式，是一种全新的空间数据网络服务模式，其功能主要包括：基于地理编码，支持至少 TB 级规模的多维海量空间数据的无缝集成与一体化管理，并能够在统一平台实现数据的一体化快速浏览、显示、查询；提供开放接口与规范化格式，支持用户自主动态加载专题数据，为建立应用模型分析和系统仿真提供支撑环境；面向大量用户访问的空间数据存储、传输与互操作机制，建立合理的数据组织结构，按照实际应用的需求同时兼顾空间数据的网络传输特性，在大用户量并发访问的情况下，实现数据的渐进式传输，为用户提供高效快捷的应用服务(Du, et al., 2010a; Guo, et al., 2009)。

其基本架构如图 5-3 所示。

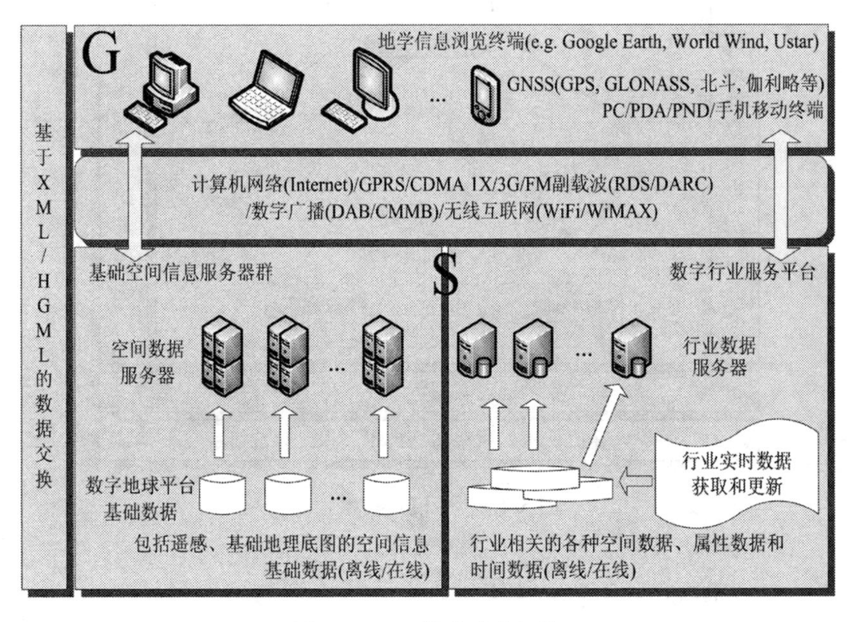

图 5-3 G/S 模式基本架构

G/S 模式具有如下特点和优势：两层或多层结构；客户端结构简单，扩展能力、通用性强；高效存储模式，快速处理全球海量空间数据；解决空间数据组织效率瓶颈问题，提高查询检索、存取、整合的速度；可处理通用、主流的数据格式；支持多种网络协议；操作简单，视觉效果直观、逼真。

5.2.2 技术理论体系

在地理空间信息技术(RS、GIS、GNSS 等)、计算机网络通信技术(数据仓库、Internet、虚拟现实等)、人工智能等技术与地球科学技术的高度综合集成之上，以开放地理数据组织交换标准为核心，以地球剖分理论来组织数据，形成数据获取、存储传输、处理分析、信息表达、用户接口核心功能模块。G/S 模式技术划分、技术体系如图 5-4、图 5-5 所示。

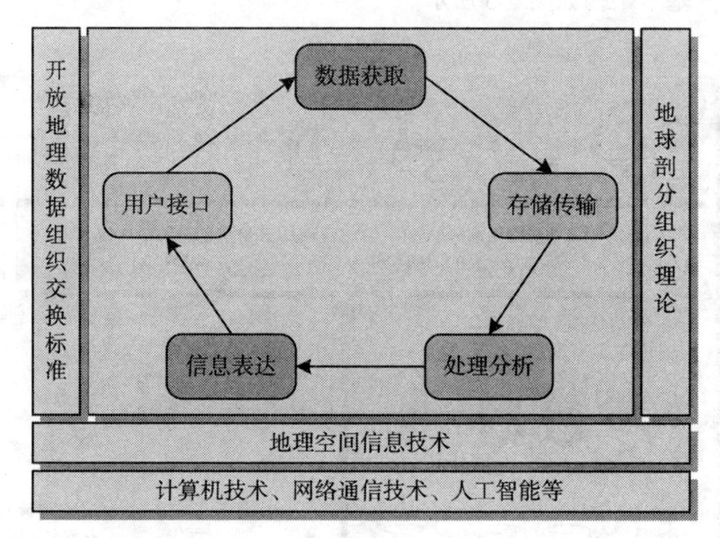

图 5-4　G/S 模式技术划分

其技术特点如下：

(1)统一开放的地理数据组织交换标准与规范

可扩展标记语言 XML(Extensible Markup Language)是一种可以用来创建自己标记的标记语言，是 Internet 环境中跨平台的，依赖于内容的技术，是当前处理结构化文档信息的有力工具。虽然 XML 比二进制数据要占用更多的空间，但 XML 极其简单易于掌握和使用，具有开放性、分离性、自描述性和无版权限制等特点。

地理标识语言 GML(Geography Markup Language)是 XML 在地理空间信息领域的应用，利用 GML 可以存储和发布各种特征的地理信息，并控制地理信息在 Web 浏览器中的显示。GML 能够表示地理空间对象的空间数据和非空间属性数据，其主要用途是用于地理数据的转换和地理数据实时传输协议。

超地理标记语言 HGML 是以 XML 为基础，针对空间信息地理数

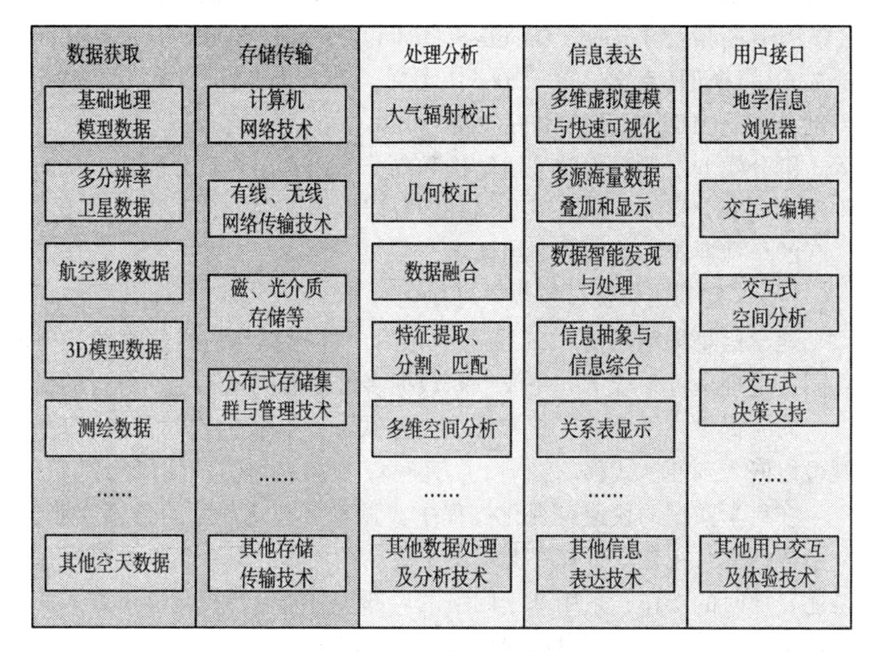

图 5-5 G/S 模式技术体系

据组织、交换的标记语言，是空间信息进行层次化组织、管理、交换和显示的标准，是 G/S 模式空间数据管理的核心，能对空间数据进行统一、灵活、层次化的组织和管理，是统一的空间信息集成框架标准与规范(Du, et al., 2010a; Guo, et al., 2009)。

(2)地球空间数据剖分组织理论及编码模型

地球剖分组织理论采用面片格网剖分的思路，把地球表面剖分为无缝、层次的网格单元，每个单元有全球唯一编码，为全球空间信息建立多级索引体系，用于解决空间信息的组织与管理难题。球面剖分数据模型是一种多层次、多尺度的基于全球格网划分的数据组织方式(程承旗，郭辉，2009；袁文，等，2004)，其直接决定了离散格网数据的存储方式和索引方式，影响数据的调度效率。球面网格模型可分为基于地理坐标系的球面网格和基于多面体剖分的球面网格系统，典型的剖分模型有：基于正八面体球面剖分的 QTM (Quaternary

Triangular Mesh)模型(Dutton, 1999)、基于正二十面体球面剖分的EARPIH(Sphere Triangle Quadtree Model Based on EARP IcosaHedron projection)模型(袁文，等，2005；袁文，等，2009)以及基于等经纬差剖分的SIMG(Spatial Information Multi-Grid)模型(李德仁，2005)等。剖分模型一般采用四叉树结构和剖分编码来组织剖分面片，从而实现不同剖分层级之间，以及同一剖分层级中不同剖分面片之间相互关联的全球遥感影像剖分组织体系。

(3)丰富的用户接口及快速可视化

地学信息浏览器是G/S模式中与用户进行交互的终端系统，是在同一地理坐标系统下，完成空间数据多维动态浏览和空间分析的平台，同时提供三维模型、超媒体、交互式、分布式的空间信息表现。既可以嵌入到便携式移动终端上，还可以Web插件方式加以实现。

在科学数据的快速可视化过程中，随着可视化数据的急剧膨胀，复杂数据集可视化对计算资源提出了更高的要求，某些类型的可视化是比较耗时的操作，采用基于网络的局部多分辨率可视化显示方式及渐进更新的模式进行实时可视化可以得到较好的效果。

(4)空间剖分数据模板化并行处理

空间信息数据量巨大且操作复杂，许多遥感应用领域对实时性的要求日益迫切。数据的处理速度成为空间信息能否实现高效快捷应用的阻力和瓶颈，并行计算和模板化处理是解决这一问题的关键所在，对于遥感图像处理并行算法的研究以及开发基于模板库的快速处理方法十分迫切。对有效提高海量空间信息的智能发现和更新，减少海量数据的重复处理，缩小数据传输带宽与存储量，加快空间信息快速可视化表现与分析及目标探测、识别以及决策反应速度，提高空间数据利用率，具有重要的战略意义。

地球剖分组织理论解决海量数据怎样更加有效组织与管理，并行计算和模板化处理技术是解决多源空间数据如何更加快捷处理与应用的关键所在。因此，结合G/S模式和地球剖分组织理论，开展对于遥感图像处理并行算法的研究以及开发基于模板库的快速处理方法十分迫切。其应用前景十分广泛，如情报保障常备化；提高数据处理效率；基于模板的快速变化检测；基于模板的剖分并行计算；缩短卫星侦察信息处理链条；提高目标普查效率和自动化程度等。

遥感图像模板化并行处理技术主要研究以下问题：图像剖分模板概念模型、图像剖分模板数据模型、图像剖分模板快速生成技术、图像剖分模板库大规模存储技术、图像剖分模板库并行计算、图像剖分模板化处理技术、图像剖分模板化快速应用模式等。

(5)海量空间数据加载更新与快速网络传输

基于地球格网剖分模型，以高分遥感信息为主实现全球覆盖，集成其他遥感数据，构建基于统一时空参照的分布式异构空间数据库，并集成资源环境、社会经济及其他专题信息。针对空间数据或属性数据采用不同的更新机制，对于前者主要采用分布式服务器集群协同技术，只需要更新一个服务器集群，更新结果可查证；对于属性数据可以在B/S模式下采用基于HGML的跨平台信息交换技术来进行数据更新。同时，网络自适应和客户端显示分辨率自适应的数据多分辨率传输策略对于数据传输效率和显示效率至关重要。

5.2.3 地学信息浏览器

地学信息浏览器(geo-information browser)涵盖了目前Web浏览器的全部功能，其以空间位置为信息组织方式，能够根据地理位置信息描述和显示各种空间信息，支持三维图形互操作、矢量数据建模、空间分析计算、三维虚拟环境及场景漫游、基于内容和空间位置等多种搜索和查询等功能，能够充分利用用户端计算机硬件能力和图形图像处理能力，实现矢量、栅格、模型数据的一次下载多次使用，最终实现在客户端对数据和服务的聚合，大大减轻了应用服务器计算负荷，减少了空间信息网络访问流量。

地学信息浏览器按载体类型分为手机终端、计算机终端、其他终端等。如移动手机、PDA、PC台式机、Notebook PC、GNSS、数字导游器等终端设备，信息与空间位置建立直接联系，系统显示基于空间三维框架进行，效果直观。

地学信息浏览器与目前常见的Web浏览器区别见表5-3。

表 5-3　　　　地学信息浏览器与 Web 浏览器比较

主 要 功 能	Web 浏览器	地学信息浏览器
支持卫星图片、地图功能	√	√
地理景观、周边设施搜索	√	√
位置信息功能，可显示精确的经纬度		√
矢量、栅格图形图像同时放大缩小		√
行业数据模拟显示	√	√
三维场景的旅游线路规划，驾车指南		√
GPS 导航及数据接口导入	√	√
3D 地形和建筑、浏览视角支持倾斜或旋转		√
保存和共享搜索和收藏夹	√	√
GIS 矢量数据导入		√
添加注释		√
提供 KML、SHP 等多种数据支持		√
电子邮件客户服务	√	√
标准、接口开放		√
个性图层叠加显示		√

5.2.4　分布式空间信息服务器群

分布式空间信息服务器群(Global Geospatial Information Servers)在地学信息浏览器的支持下，可以提供文本、图片、多媒体等信息浏览服务，还可以实现矢量和栅格数据一次下载、多次建模显示等功能，并提供对用户基于内容和空间位置等多种搜索查询的支持，且具有一定的空间分析功能(俞晓，2009)。

空间信息服务器群的实质是分布式服务器集群，实现在分布式网络环境下空间信息的组织、管理和交换、存储、处理和更新海量空间信息，包括栅格数据、矢量数据、3D 模型数据以及其他相关信息等，对空间数据进行分幅分块、冗余存储、同步处理、多点下载、负载均衡，消除网络访问瓶颈，提高对客户端的服务能力。

空间信息服务器群可分为行业数据服务器和基础数据服务器两类。其中，行业数据包括物探数据、生态数据、地质数据、交通数据、林业数据、农业数据、旅游数据、测绘数据等不同行业和专业的专题数据；基础数据包括覆盖全球的各种遥感数据、导航卫星数据、测绘数据、地形数据、地球重力场数据、航天侦察数据等航天航空对地观测数据。

5.3 剖分面片模板数据模型研究

5.3.1 影像数据剖分面片模板

传统模式下空间信息是以“空间对象-空间数据”的两层组织方式，用剖分面片作为地理对象与空间数据的“中间层”，形成“空间对象-剖分面片-空间数据”的空间信息三层组织机理（杨宇博，等，2013），如图5-6所示，可以提升空间数据的检索与查询效率，进而提高空间数据的快捷应用能力和效率。

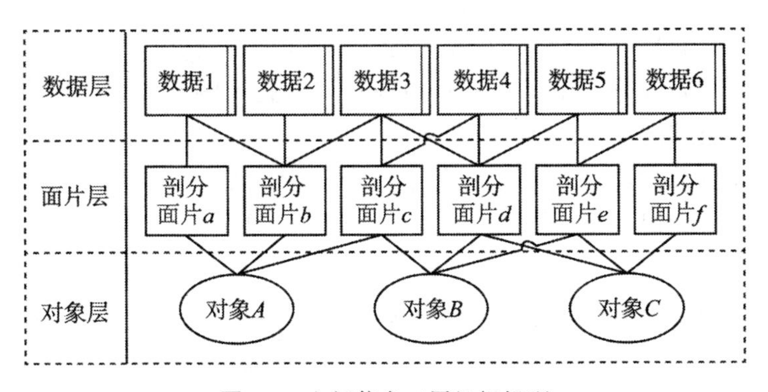

图5-6 空间信息三层组织机理

剖分遥感影像模板是与剖分面片相对应的指定区域遥感影像的数据样本（特征明显的遥感正射影像，简称剖分模板）。剖分模板由面片信息、模板类型、模板数据组成。其中，面片信息包括与剖分面片相对应的编码、层次、形状、面积、空间位置、投影变换等信息；模板类型对应具体的剖分处理算法，可以由模板管理模块创建，并管理模板元数据信息；模板数据是指定剖分面片对应的基准遥感影像信息，包括分辨率信息、坐标信息、像素信息及空间实体的颜色、纹理、形状等特征信息(杜根远，等，2014)。

剖分影像模板是采用全球剖分的思想和剖分面片划分方法，对基准遥感影像实现更高层次抽象和概括，它具有遥感影像的全部有用信息，同时包含遥感影像相关的内容信息和高级特征信息，便于遥感影像的组织管理和空间位置的规范化处理，能够实现快速检索和示范性应用。其中，基准遥感影像是按照空间位置、时间范围以及波段和分辨率要求精选的正射遥感影像，包含了遥感影像的地理空间信息和光谱信息，如传感器类型、拍摄时间、分辨率等。另外，在对遥感影像加工处理时，增加影像所覆盖区域的内容信息和图像的高级特征信息，如区域名称或主要标志性地物名称、纹理特征、颜色特征等。因此，影像模板是遥感影像更高层次的抽象和概括，它拥有影像本身的基础信息，又综合了影像高层次的特征和语义信息，将更有利于遥感影像的表示、存储和应用。

1. 剖分面片模板概念模型

剖分面片是地球剖分模型中分级划分出来的形状规则、变形较小的多尺度离散分割单元，具有地理空间位置范围准确、几何形态规则、层级结构分明、编码标识唯一等特征。剖分面片的主要参数包括编号、剖分层次、角点坐标、定位点坐标、面积、边长、位置、曲率、投影面积、变换精度等。剖分面片编码是全球唯一的，且可与各种常用坐标系进行相互转换。

剖分遥感影像面片模板，简称剖分面片模板，是面片的空间特征集，可提取自高精度处理的遥感影像，也可以是与该面片相关联的其他空间数据。剖分面片模板是与剖分面片相对应的指定区域遥感影像的数据样本，能够建立抽象剖分模型与具体遥感影像之间的关联，能够快速识别判断未知遥感影像所属的剖分面片。如特征明显的遥感正射影像，包含面片空间特征集、地理特征集和面片控制点等数据，具有面片的所有优点。根据数据处理需求的不同，可以存在不同的应用需求模板，一种模板对应于一个具体的剖分数据处理算法（Xiong，du，2013；杜根远，等，2014）。

2. 剖分面片模板数据模型

剖分面片模板由面片信息、模板类型、模板数据组成。面片信息包括与剖分面片相对应的编码、层次、形状、面积、空间位置、投影变换等信息；模板类型对应具体的剖分处理算法，可以由模板管理模块创建；模板数据是指定剖分面片对应的基准遥感影像信息，包括分辨率信息、坐标信息、像素信息及空间实体的颜色、纹理、形状等特征信息。剖分模板元数据包括数据格式、数据类型、数据文件算法接口、数据处理算法接口，其中，数据文件算法负责生成和解析数据文件，数据处理算法负责使用模板数据进行空间数据处理。

按照上述分析，剖分影像模板是建立在基准遥感影像基础之上的信息集合，包括遥感影像的元数据信息、特征信息和知识注解信息。剖分影像模板与基准遥感影像具有一对一的映射关系，遥感影像模板采用影像快照的方式提高显示和查询的效率，真实的影像则以文件形式存取，并建立索引，实现影像块分块分级管理。剖分模板数据模型如图 5-7 所示。概念模型层描述剖分面片模板的统一接口和抽象模型是各类模板设计的基础；数据模型层包括基准影像数据和各类模板数据；操作定义层由针对数据层各类模板的具体算法组成，并可根据数据层的数据类型进行操作定制。

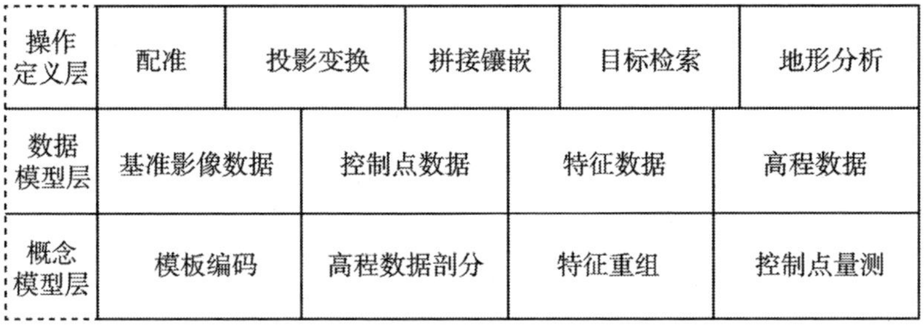

操作定义层	配准	投影变换	拼接镶嵌	目标检索	地形分析
数据模型层	基准影像数据	控制点数据	特征数据	高程数据	
概念模型层	模板编码	高程数据剖分	特征重组	控制点量测	

图 5-7　剖分面片模板数据模型

5.3.2　基于模板的剖分面片计算模式

基于模板的剖分面片计算模式整体工作框架如图 5-8 所示。

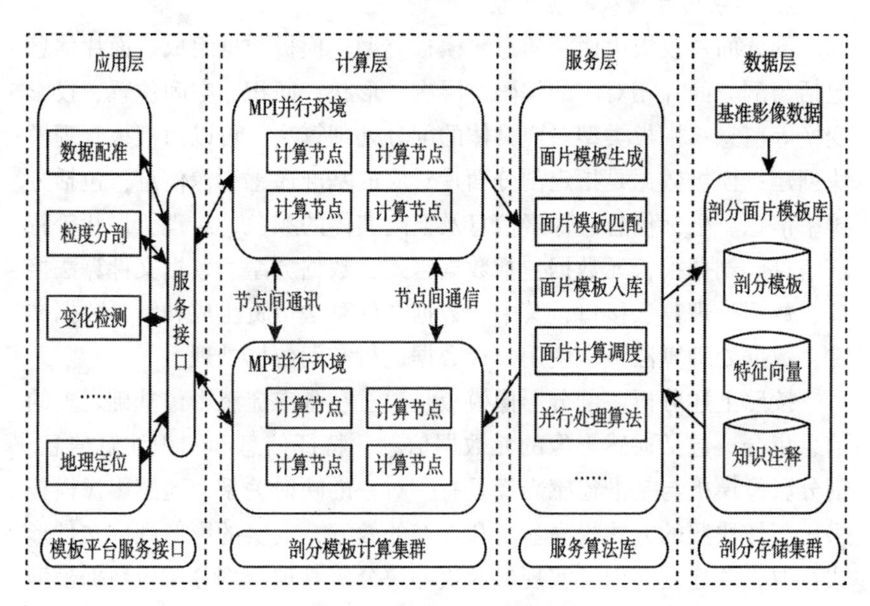

图 5-8　基于模板的剖分面片计算模式工作框架

1. 空间数据快速剖分化处理流程

空间数据快速剖分化处理流程如图 5-9 所示，地球空间数据进入剖分体系后，首先进行数据预处理；然后根据空间数据元数据中所提供的分辨率/比例尺信息，确定该数据在剖分模型中的级数，即剖分层次；其次，根据数据中心点的经纬度坐标确定所对应的中心剖分面片位置；再次，根据待处理空间数据的左上、右下角经纬度坐标，按照剖分面片的大小对空间数据进行剖分处理，确定该数据所在剖分面片的范围；最后，判断该数据是否在同一剖分单元内，若是，则进行剖分编码可得到按剖分面片组织的空间数据；若否，则把所包含的面片集合与影像数据进行叠加分析，数据经剪裁后部分与剖分单元进行包含分析，对相应剖分面片，按照剖分组织理论中的面片地址码对剖分面片进行编码，按照剖分编码对数据进行组织，得到按剖分面片组织的空间数据(Xiong, Xu, 2013; 杜根远, 等, 2014)。

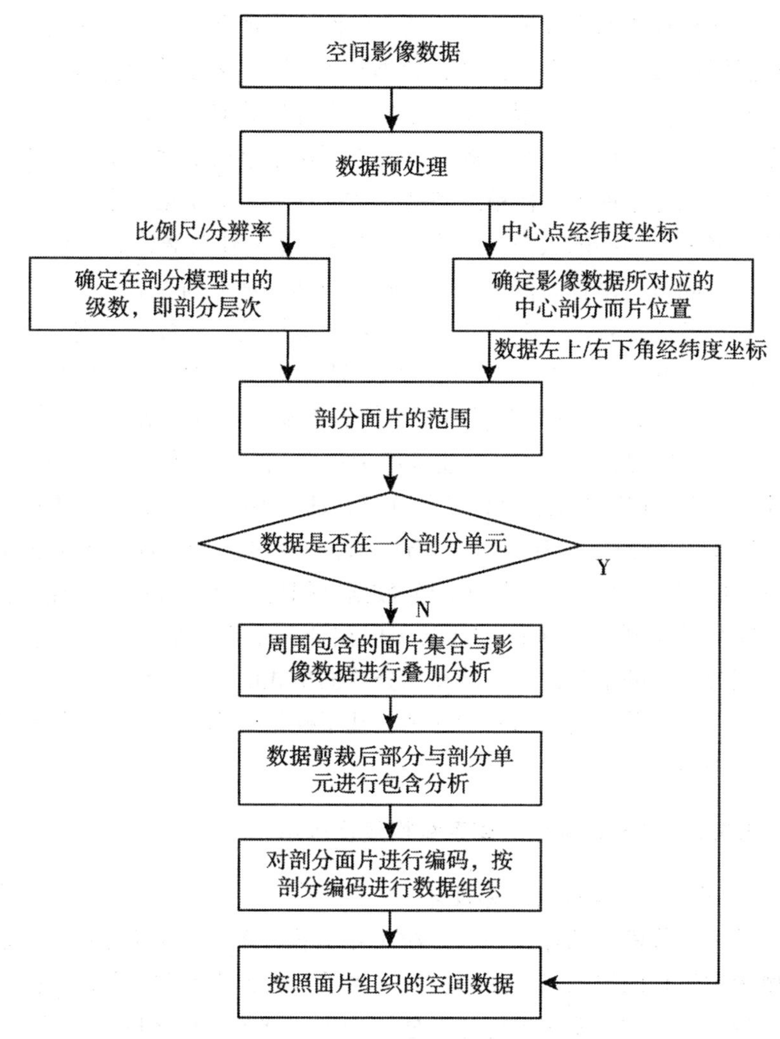

图 5-9 空间数据剖分化处理流程

2. 基于模板的剖分面片计算模式

剖分影像结构化模型是剖分面片计算的关键和基础。遥感影像数据按照地球剖分理论进行组织，使影像数据块、像素和剖分面片建立一定的对应关系。利用剖分架构中的结构化剖分面片，可以将影像数据表达为剖分结构化影像，其数据模型利用剖分面片的多尺度层次性及剖分面片编码的全球唯一性，结合影像金字塔和空间填充曲线，使得遥感影像数据具有多层次性，数据单元可以直接进行索引和计算。构建剖分影像结构化模型主要考虑分层和分块策略。分层策略可根据数据源情况灵活调整，在多源数据建立影像金字塔的选择上有较大灵活度，可以尽量保证图像精度和减少数据计算；分块策略是为了提高影像数据 I/O 访问的效率，一般选择 $2^n \times 2^n$ 像素作为影像数据标准面片大小，同时记录各影像块的块编码、地理坐标范围等信息。

基于模板的剖分面片计算模式的基本思想是：模板作为剖分面片计算的基本单元，在适当的剖分层级、适当的范围内以每个面片为单元建立基准影像，根据面片信息、影像信息及应用需要创建剖分模板，当处理某区域的数据时，可从模板库中提取相应的影像面片模板用于计算，从而实现影像的快速剖分化并行处理，为相关应用提供支持。

EMD 剖分模型具有点面二相性，每一层级剖分在局部区域内的剖分粒度相对比较均匀。因为剖分数据空间连续性、分布式存储、多面片间容易实现并发执行，可以实现在计算节点间的并行处理。另外，剖分数据的空时记录存储和剖分数据格式的内部组织，还可以实现在同一计算节点内部的并行处理。基于模板的剖分面片计算模式如图 5-10 所示。

5.3.3　剖分模板数据库系统构建及应用

1. 剖分影像模板数据库设计

遥感影像模板的存储采取传统关系数据库和文件存储混合模式。遥感影像模板的组织、管理和检索采用关系数据库实现，基准遥感影像本身则按照文件系统进行分级分块管理，并建立两者映射关系(杜根远，等，2014)。一方面，将基准遥感影像进行分割处理，按照指定大小和等级划分若干块，按照文件系统统一存储。另一方面，根据遥感影像模板要存储的内容和分块后的影像数据，针对不同的属性信息，建立若干个数据表和索引，并使用主键、外键将各个表关联和组织起来，建立实现这种图像属性与图像本身间的映射关系，构建模板

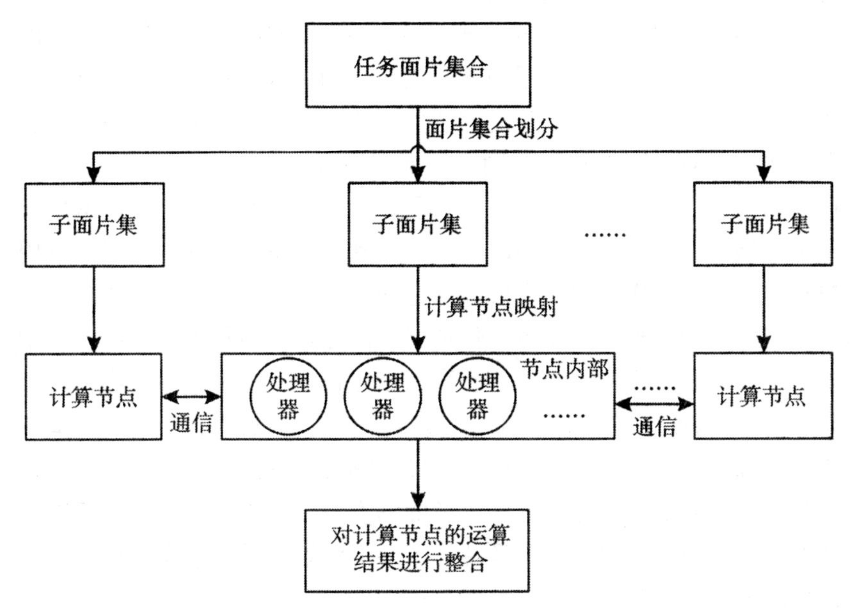

图 5-10　基于模板的剖分面片计算模式

数据库。

组织和管理海量数据的最终目的是能够提供高速率数据服务。因此，如何建立快速高效的索引机制就显得尤为重要。在设计实现过程中，运用影像数据分块、建立影像金字塔、四叉树索引等方法，实现影像的快速索引机制。

①影像分块：将一幅大影像分为若干小影像，其目的是减少读盘时间，但增加了读取的次数。采用影像分块策略解决快速索引，影像块只有在需要时才将所需的数据读入到内存中进行处理。

②影像金字塔：为了提高图像的实时缩放显示速度，快速获取不同分辨率的图像信息，系统中根据需要对原始影像生成多级别影像金字塔，根据不同的显示要求调用不同分辨率的影像，达到快速显示、漫游等目的。

③线性四叉树索引：影像金字塔模型可以用四叉树结构存储管理。而线性四叉树具有块索引定位时间恒定性，可以提高影像块检索

速度，对影像块节点编码，同时保留了影像块拓扑关系。

研制一套通用、全面的遥感影像数据库应用系统是有一定难度的，实际上，针对所有应用领域采用相同的处理流程和方法是不科学的，真正遥感影像处理和分析的智能系统需要体现地域特殊性，而且需要体现针对不同地物、不同应用领域而采取的特殊方法(熊德兰，杜根远，2012)。面向特定应用的遥感影像模板数据库的设计思想就是根据领域特殊性而建立不同的数据库和应用系统，并为不同类型用户开发不同的操作界面，完成其指定的功能任务。

遥感影像模板数据库系统包括三个部分：可视化用户界面、应用功能开发和数据库管理维护。底层数据库包括遥感影像库、影像模板库、特征信息库和知识注解库，其结构如图 5-11 所示。其中，基准遥感影像数据库为多源遥感影像，经分割处理后按照文件块号统一存储和管理，元数据库存储遥感影像的基本信息和参数，特征信息库存储人工提取或自动提取的影像特征，知识注解库是对影像信息和特征信息的描述和注解。

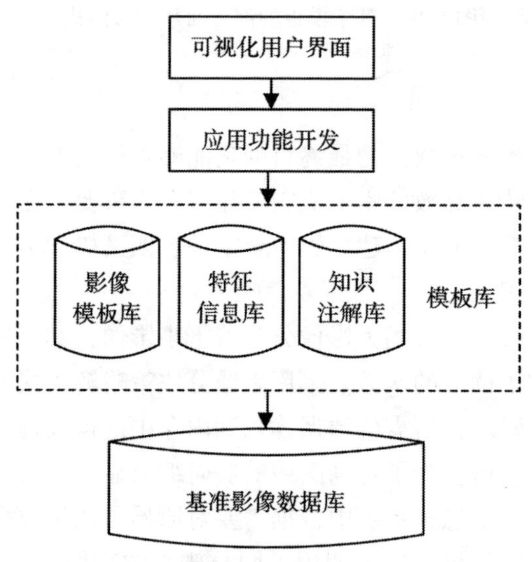

图 5-11　剖分遥感影像模板库结构

根据遥感影像数据库系统的应用需求和模板数据库的特殊性，剖分遥感影像模板库主要实现以下功能：

①遥感影像管理：主要实现遥感影像的入库、浏览、检索等基本服务，具体包括遥感影像基本信息的查询、修改、添加、删除等基本操作，遥感影像原始图片的打开、显示、放大、缩小、关闭等操作，遥感影像和影像基本信息的关联查询、快视图的显示等。

②剖分模板管理：主要实现剖分面片和剖分影像模板的管理，具体包括剖分面片基本信息的浏览、查询、修改、添加等，遥感影像矢量特征的查询、显示、编辑等，剖分影像模板的特征信息表示和知识注解等。

③遥感影像、剖分面片、影像特征的关联管理：利用影像标识、剖分编码、特征编码，实现不同层级、不同地理范围的遥感影像、剖分面片和矢量特征之间的高效调度和管理，保证剖分影像模板的快速应用。

④剖分影像模板的快速应用：结合具体应用领域，利用已有遥感影像数据资源，抽取矢量特征，建立模板，根据用户需求快速实现应用服务。

⑤基于内容的影像模板检索和原始影像检索：根据遥感影像和模板库中模板数据、特征信息、知识注解之间的联系，实现基于内容的数据检索，如基于纹理特征检索、基于空间关系检索、基于予以检索等。

2. 模板数据库功能架构

剖分面片模板数据库是按照剖分模板数据模型所建立的标准化正射遥感影像集合，是剖分面片的“DNA 特征库”，能够实现全球任意地区遥感影像的统一管理、定位和共享。模板库的存储采用与剖分面片类似的多层次、分布式剖分集群存储方案。

模板库具有模板存储、模板索引、模板组合等功能模块。存储模块负责将各类模板数据根据其对应的面片存入存储集群，模板数据以二进制文件的方式进行存储，文件本身的生成和解析则由模板调度系统统一管理。索引模块负责生成全球模板的索引大表，便于模板的快速提取和更新。由于具体的计算需求所涉及的区域不一定完全按照面片的范围，需要从现有的面片模板中进行组合，来生成任意区域的模板。模板计算调度系统负责模板统筹管理，接收计算任务，调度计算资源等，包括模板管理、模板数据、任务调度、计算资源调度等模块。

3. 剖分数据文件组织

剖分影像模板数据库主要包括4个部分，即影像基础数据集、剖分层级数据集、影像分幅数据集和影像块数据集。影像基础数据集汇聚了指定区域多尺度遥感影像集合，以及相同比例尺下不同区域的遥感影像集合，方便用户快速查询出感兴趣区域影像数据(Xiong, 2014)。剖分层级数据集提供影像金字塔层级信息、剖分层级与遥感影像、影像分辨率之间的对应关系。采用金字塔结构建立的影像数据库，便于组织、存储与管理多尺度、多数据源的影像数据，便于实现跨分辨率的索引与浏览。影像分幅数据集提供实际的原始影像属性信息，它有自己相对独立的索引信息，可以方便地查询到某一区域所有的库存影像以及这些影像的属性信息。影像块数据集将所有的原始影像或分级影像分成较小的影像块存储起来，将影像数据通过ORDImage数据类型存放起来，实现了影像数据的物理无缝存储。

在数据库模块，建立一张数据库总表，用于存储用户导入的栅格数据(图像)的检索，利用索引技术将每一行的栅格图像名关联到具体的栅格数据表中。在数据库中，对每一个具体的栅格数据和图像，都采用Oracle自带的对象表进行存储。表空间是Oracle中用户可以使用的最大逻辑存储结构，用户在数据库中建立的所有内容都被存储在表空间中。每一个表空间可以由一个或多个数据文件组成。根据上述数据组织需求，可以设计以下3个表空间：

①BasicInfor：用于存放遥感影像的类型、分辨率、获取日期等基本信息，剖分面片的编码、层级、坐标等主要基本参数，以及剖分影像模板主要特征的注释信息等。

②RasterInfor：用于存放遥感影像各波段的原始影像数据，主要为栅格数据。该部分数据量通常比较大，可以选择BLOB数据类型进行存储。

③VectorInfor：用于存放矢量特征信息，面片的形状特征等。

表是Oracle数据库的主要对象，是基本的数据存储载体。根据剖分遥感影像模板的应用需求，设计了面片基本信息表rcellinfor、影像基本信息表trsinfor、特征模板信息表rstemplat和矢量特征表

tvfeature、原始影像栅格数据表 trsimage 等。数据表与表空间之间关系如图 5-12 所示。

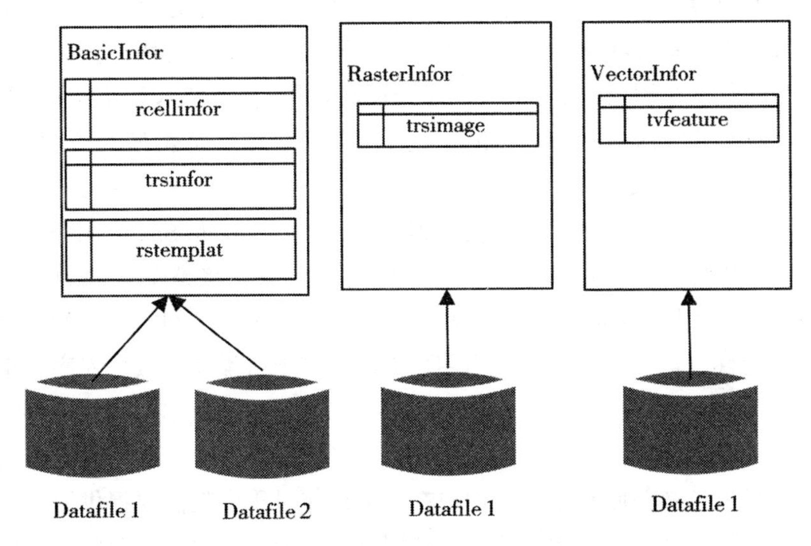

图 5-12 数据表及其空间关系

为了保证遥感影像、剖分面片、矢量特征和影像模板之间的快速关联和高效索引，采用规范的命名方式，方便用户操作。

①面片编码 ID：剖分面片的唯一标识符号，用于确定面片的层级和位置。本项目中，面片编码用 10 位有效字符表示，剖分层级数比较高时可以适当增加编码的长度。本项目中选取的研究对象为连续 3 级面片，如“1010”为 5 级剖分面片，“101000”、“101001”、“101010”、“101011”为四等分后的 6 级剖分面片，“10100100”、“10100101”、“10100110”、“10100111”为 6 级面片“101001”经过四等分后的 7 级剖分面片。

②影像标识：遥感影像的统一标识，与标准遥感影像标识一致。本研究中使用的遥感影像为 Landsat8-OLI-TRIS 系列数据，因此遥感影像数据标识规范为“影像类型”+“条带号”+“行编号”+“短日期”+“波段值”的形式，如“LC812436130604B8”中，“LC8”表示为 Landsat8 影像，“12436”表示：条带号为 124，行编号为 36，“130604B8”表示为影像获取日期为 2013 年 6 月 4 日，波段为 8。

③特征标识：遥感影像中矢量特征提取后统一编码，表示为“特征类型”+“特征编码”，特征类型用简化的英文字母表示，特征编码用二位数字表示，第一位表示特征子类型，第二位表示特征范围。第一位中“0”表示点特征，“1”表示线特征，“2”表示面特征；第二位中“0”表示跨国家域，“1”表示跨省级区域，“2”表示跨市级区域，“3”表示县级区域；如“geofea01”表示几何特征，子类型为点集合，覆盖区域为省级区域。

在设计矢量数据表和栅格数据表时，利用Oracle Spatial中SDO_RASTER与SDO_GEORASTER对象表之间关系，将整个空间数据库进行了最大限度的有效开发、利用，它不仅满足了空间数据库所要求的稳定性，还在最大限度上为用户提供了一个可操作的数据库底层实现。从用户角度出发，它实现了Oracle Spatial空间数据库的各项基本功能的基础上将图像的元数据与矢量图形与用户存入数据库的栅格图像进行了有效关联和索引。用户在实际操作过程中仅需要提供栅格图像的名称，就能对图像相关的元数据进行设置、更改、存取以及矢量图形的显示、操作、存取等工作。并且，这些操作对用户来说都是透明的，这样做在很大程度上降低了在实际操作过程中不可预知的错误，大幅度提高了系统的稳定性以及数据的一致性。

4. 剖分数据模板在作物种植面积提取中的应用

作物面积提取是农业遥感中重要的研究内容之一，也是农业部门进行多层次、信息化的基本应用需求。国外研究者早就利用多时相、多源影像进行作物种植面积的分类提取，如Turner等人(1998)利用三景SPOT-XS影像对非洲半干旱地区水稻作物分类。Mcnairn等人(2010)利用多时相雷达影像RadarSat-1提取加拿大西部农业区不同作物的种植面积。陈仲新(2012)采用分层抽样方法，建立全国冬小麦面积变化遥感监测抽样外推模型，从而得出全国冬小麦面积的变化。近年来，随着IKONOS、QuickBird等新型高分遥感卫星的不断出现，具有更多丰富地表信息的高分辨率遥感影像为作物面积提取、精细农业、病虫害监测等提供了新的发展空间。全球剖分理论(Global Subdivision Theory，GST)将地球表面划分为形状相近、大小规则的多层次面片集合，为多源遥感影像的快速整合和处理应用提供了全新的解决思路。

利用剖分遥感影像模板提取作物种植面积具有理论可行性，能够实现多尺度遥感影像数据的动态转换(蒋楠，等，2011)。剖分遥感影像模板是与之对应的遥感影像特征数据集，能够实现多源遥感影像共同特征的提取和显示，便于更精确、更快速地提取对应剖分面片的作物种植面积、并能实现时间和空间上历史数据的分析对比(Xiong，2014)。利用剖分遥感影像模板提取作物种植面积的流程如图 5-13 所示。

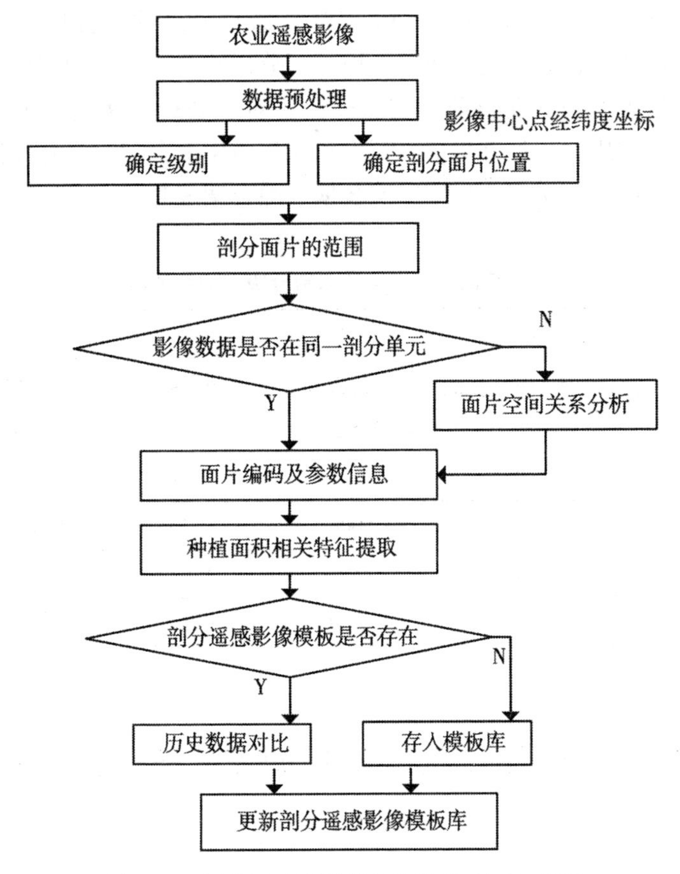

图 5-13　剖分遥感影像模板提取种植面积流程

例如，小麦种植面积提取是农业遥感监测的主要内容。研究中，根据黄淮地区小麦种植和生长周期特点，结合小麦育苗期、返青期、分蘖期、孕穗期、成熟期等不同阶段特点选取遥感影像进行剖分影像模板库的设计开发。遥感影像数据可在中国科学院计算机网络信息中心国际科学数据镜像网站(http://www.gscloud.cn)地理空间数据云服务平台下载。按照 EMD 剖分方法，剖分面片的大小与具体地理区域的覆盖范围相似，分别选取与之对应的遥感影像可以建立剖分模板。所选取的多尺度剖分遥感影像模板选取的图像分辨率标准详见表 5-4。

研究结果显示，利用剖分遥感影像模板提取平原地区小麦种植面积的精度比使用 ERDAS、ENVI 等常规遥感处理软件提取的精度要高，提取速度也有一定的改善。由于剖分遥感影像模板的主要优势是在并行处理方面，而目前的实验还只是对该处理方法的一个应用示范，如果利用并行处理集群，开发相应的应用平台，将会有效提高处理速度，更好地实现多尺度影像数据的综合调度和信息提取。

表 5-4　　　　不同范围面积提取选取剖分级别的参考值

尺度级别	EMD 剖分级别	比例尺	遥感影像分辨率	区域范围
1	第 5 级	1∶5 万	17.0	省级区域
2	第 6 级	1∶2.5 万	8.0	地市级区域
3	第 7 级	1∶1 万	3.8	县市级区域
4	第 8 级	1∶5000	2.15	乡镇级区域
5	第 9 级	1∶2500	1.07	村部级区域
6	第 10 级	1∶1250	0.54	田块级区域

5.4　空间剖分数据存储调度服务模型构建

基于地球剖分组织理论，结合面向客户端聚合服务的 G/S 模式架构，借鉴 TCP/IP 协议体系分层自治原理，针对空间数据访问过程中每一层所涉及的共性问题，制定相应协议，建立标准化体系结构，探索性研究并提出一种在 G/S 模式下适用于空间信息领域的地球剖分数据存储调度服务模型。该模型是用于描述空间信息剖分面片数据的存储、调度及管理的规则总和，是在物理存储实体和逻辑应用之间标识、定位和访问空间面片数据的协议体系，为空间数据提供灵活多变、编目统一的存储、调度、分发等应用奠定坚实的基础。

空间剖分数据存储调度协议体系(Geospatial Information Protocols, GeoIP)处于多级物理存储体系的高带宽链路之上，地球空间信息剖分组织系统之下，为空间信息剖分组织系统存储和获取空间剖分面片数据提供寻址、路由、传输控制等服务。

基于地球剖分组织机理的空间剖分数据存储调度服务模型具有如下优势：

①对空间数据快速访问与应用：具有组织良好的全球空间剖分数据模型，能够利用 GeoIP 协议对数据直接定位；

②对空间数据快速存储与更新：能够实现数据自动剖分存储、数据快速并行(模板化)处理；

③低功耗、即插即用：能够实现虚拟全在线、可按空间位置进行管理。

5.4.1 剖分数据网络服务协议体系架构

空间剖分数据存储调度服务模型是描述地球空间剖分数据(global geospatial subdivision data)和分布式空间剖分数据存储服务器群的存储单元之间的映射关系，是一个协议体系(簇、栈)。

根据空间信息剖分组织理论，参考 TCP/IP 协议簇，划分层次，定义功能，确定基本架构，把协议簇划分为 5 层，分别为剖分数据应用层、剖分数据访问服务层、剖分数据逻辑组织层、剖分数据表示层、剖分数据存储层，其中，存储层和表示层体现存储调度，逻辑组织层体现数据调度，访问服务层体现服务调度。网中各节点具有相同的层次，各层中包含所必须的协议，各层对其它层而言是透明的，不同节点的同等层次具有相同的功能，同一节点相邻层之间通过接口通信，每一层使用下层提供的服务，并向其上层提供服务，不同节点的对等层按照协议实现相互之间的通信。图 5-14 为空间剖分数据网络服务体系架构。

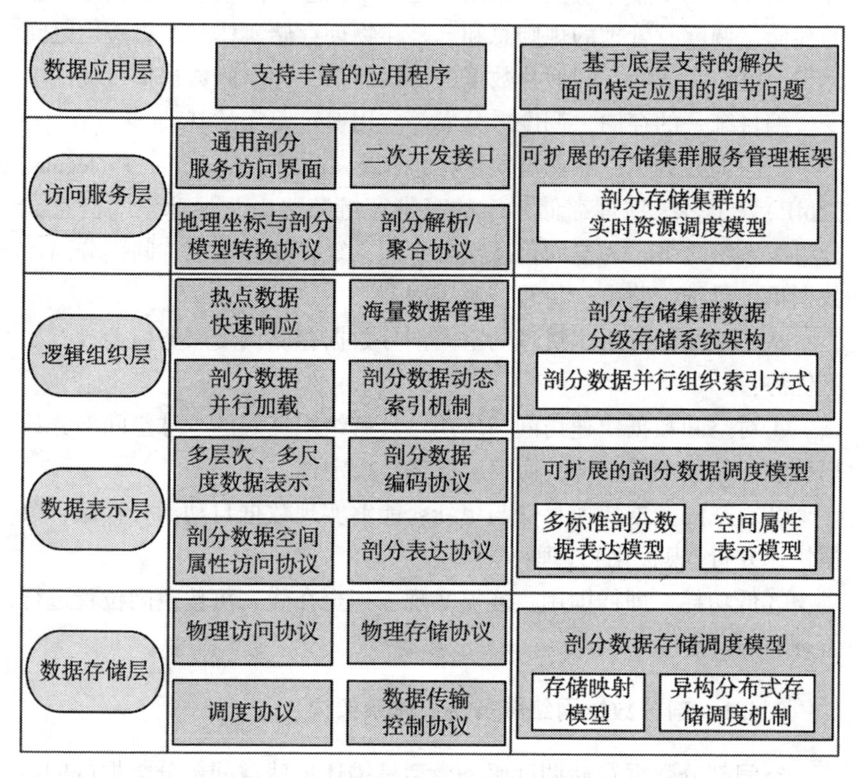

图 5-14　空间剖分数据网络服务体系架构

剖分数据应用层（application layer）：是在低层协议的基础上解决面向各个特定领域的实际应用问题，解决如何扩展日益丰富的空间信息应用的问题，在低层的基础上处理特定应用程序的细节问题。

剖分数据访问服务层（access service layer）：针对空间信息应用丰富多样，不同应用对数据有多样化要求的特点，建立统一、易用的剖分数据访问界面是该层的主要任务，解决的主要问题包括：剖分存储集群系统数据统一访问视图、服务资源访问控制、服务多等级管理和基于通用剖分服务的资源实时调度等问题，涉及的主要功能和协议包括地理坐标与剖分模型转换协议、剖分解析/聚合协议 Geo-DNS(Geo-Domain Name Server)、通用服务访问界面、二次开发接口等。

剖分数据逻辑组织层(logical organization layer)：针对剖分数据超大规模的数据量和相对集中的数据处理要求，研究适应剖分存储集群特点的剖分数据逻辑组织机理，重点解决剖分数据海量存储和管理热点数据快速响应等问题，涉及的主要功能和协议包括热点数据快速响应机制、海量数据管理、并行加载协议 Geo-DPP(Geo-Digital Parallel Processing)、动态索引机制 Geo-ARP(Geo-Address Resolution Protocol)等。

剖分数据表达层(presentation layer)：解决空间信息多层次、多尺度、多属性、多比例尺的数据表示问题，通过数据模型的建立实现地球表面任意范围、任意尺度快速应用、快速访问。该层将重点解决剖分数据资源的调度问题，建立剖分存储资源与剖分面片间的逻辑映射关系，利用空间信息的区域化访问特征，在地球统一剖分编码、编址的基础上，实现空间信息存储资源的有序存储、按需扩展、绿色存储、即插即用，提高可靠性、可用性存储调度，为上层实现数据索引和虚拟全在线管理提供有效支撑。涉及的主要功能和协议包括多层次、多尺度表示、空间属性访问协议、编码协议、表达协议等。

剖分数据物理存储层(physics storage layer)：具体解决剖分数据物理存储组织问题，针对具体文件系统和物理存储设备的特点，根据剖分数据编码方式和剖分数据表示方式将剖分数据、各种属性数据存储到相应的存储单元和对象中，建立剖分数据物理存储系统。主要涉及物理访问协议、物理存储协议、传输控制协议、资源调度协议等。

5.4.2　协议支持下的空间数据访问流程

协议支持下的空间剖分数据访问流程如图 5-15 所示。

当进行空间数据访问时，从上层向下层的数据流程为：首先通过区域解析协议将地理坐标信息转换成统一的剖分面片编码，单一面片可能解析成一定剖分细节的剖分面片集合；其次，根据剖分面片编码进行剖分数据索引，查询得到相应的存储节点；再次，根据其属性信息(空间位置、分辨率、尺度等)进行属性访问寻址，查到剖分面片

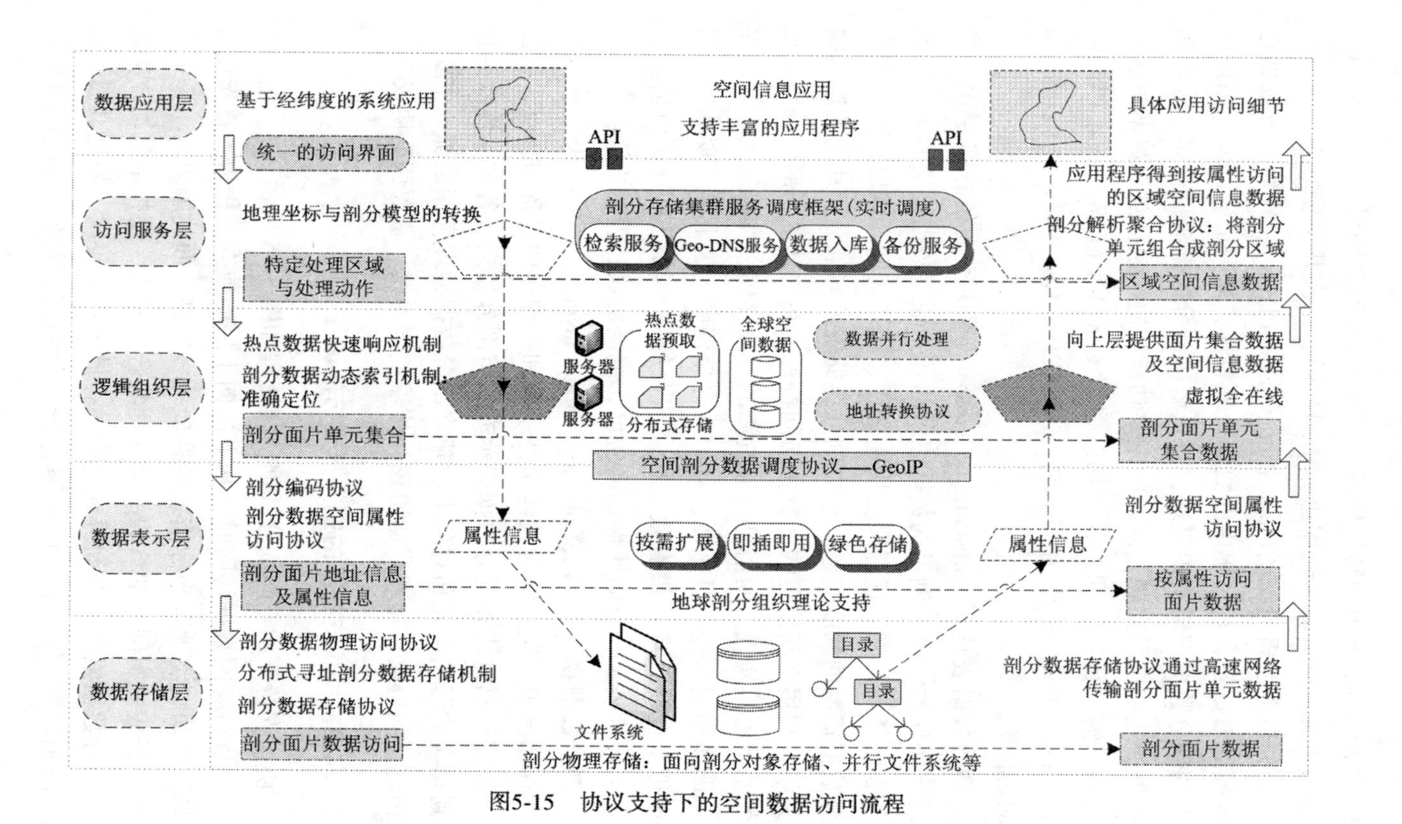

图5-15　协议支持下的空间数据访问流程

集合特定属性的剖分数据；最后，通过数据存储层的相关路由寻址和传输协议完成数据的定位。

从下到上的数据流程是一个反向流动的过程，不同节点的对等层按照协议实现相互之间的透明通信，通信双方在对等层次上进行，在不对称层次上不能进行通信。

5.4.3 剖分数据存储调度模型总体框架

地球空间数据进入剖分体系后，首先进行数据预处理。然后根据空间数据元数据中所提供的分辨率/比例尺信息，确定该数据在剖分模型中的级数，即剖分层次；根据数据中心点的经纬度坐标确定所对应的中心剖分面片位置；之后，根据待处理空间数据的左上、右下角经纬度坐标，按照剖分面片的大小对空间数据进行剖分处理，确定该数据所包含的剖分面片集合，按照剖分组织理论中的面片地址码对剖分面片进行编码，按照剖分编码对数据进行组织，得到按剖分面片组织的空间数据。

全球空间信息剖分模型将地球(球面)剖分为形状规则、变形较小的层状面片，能够实现在全球范围内的海量数据存储、提取和分析。全球空间信息剖分编码模型是以全球空间信息剖分模型为基础，结合剖分面片的地址码和数据属性信息，对全球空间信息进行编码的一种编码模型。剖分面片的层次性决定了剖分面片编码之间的信息传递性，即根据上一级的剖分面片编码可以得到下一级子面片的地址码，并且下一级剖分面片的地址码包含了上一级剖分面片的地址码。剖分面片编码是由剖分面片的地址码和属性码两部分组成。

空间剖分数据存储调度服务模型是在全球空间信息剖分系统架构下，用于描述地球空间信息剖分面片数据的存储、调度及管理的规则总和，是在物理存储实体和逻辑应用之间标识、定位和访问地球空间信息剖分面片数据的协议体系。其中，GeoIP 地址生成算法根据剖分面片编码建立剖分面片逻辑地址到物理存储地址的映射关系，进而生成 GeoIP 地址，用于标识剖分面片的存储位置。最终由 GeoIP 地址解析算法得到主机地址，根据地址映射表获得与地理特征区域对应的物理地址，如图 5-16 所示。

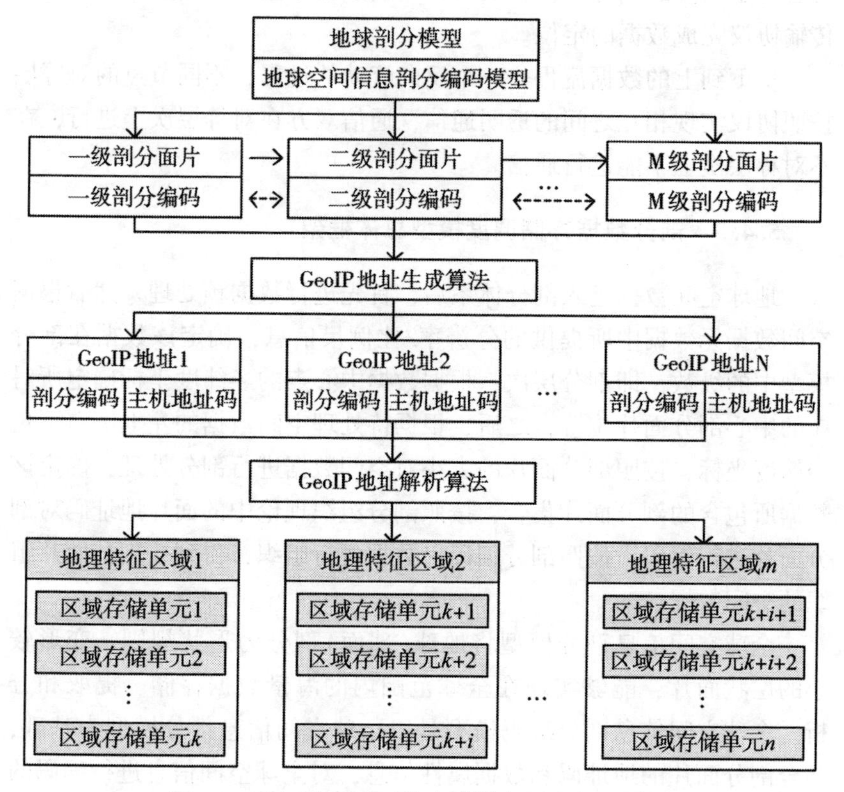

图 5-16　地球剖分模型与剖分数据调度协议结构

5.4.4　地址编码结构

空间信息物理存储实体通过 GeoIP 网卡进行组织和管理。GeoIP 网卡是具有数据处理功能的网络接口卡，是连接网络与存储介质的硬件设备，其内建地理调度协议栈与文件系统，通过地理剖分数据调度协议地址编码与解析实现区域存储单元的定位与其内部存储体的访问。

一个完整的地理剖分数据调度协议地址编码共设 $m+n$ 位，由剖分编码(m 位)与主机地址编码(n 位)生成，用于标识剖分面片的存储位置。其中，主机地址码(n 位)通过地址映射表(Address Mapping Table，AMT)实现地理剖分数据调度协议地址与 GeoIP 网卡物理地址的一一对应，如图 5-17 所示。

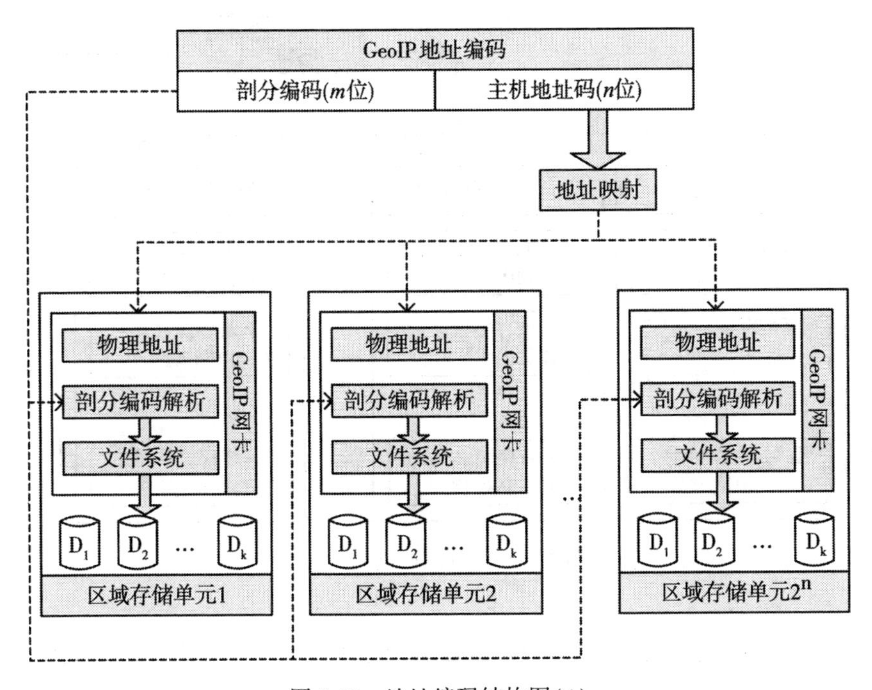

图 5-17　地址编码结构图(1)

基于地球剖分模型的剖分编码(m 位)结合了剖分面片的地址信息和空间实体属性信息，通过地理剖分数据调度协议体系对 GeoIP 地址编码中的剖分编码部分进行解析，获得需要访问的剖分面片的逻辑地址索引，进而通过集成在 GeoIP 网卡中的文件系统访问相应的物理存储体。

剖分面片数据的组织通过地理特征区及其包含的区域存储单元实现。区域存储单元，由单个 GeoIP 网卡实现定位，包含若干物理存储实体。地理特征区由若干区域存储单元组织构成，实现按广域地理特征的定位，如图 5-18 所示。

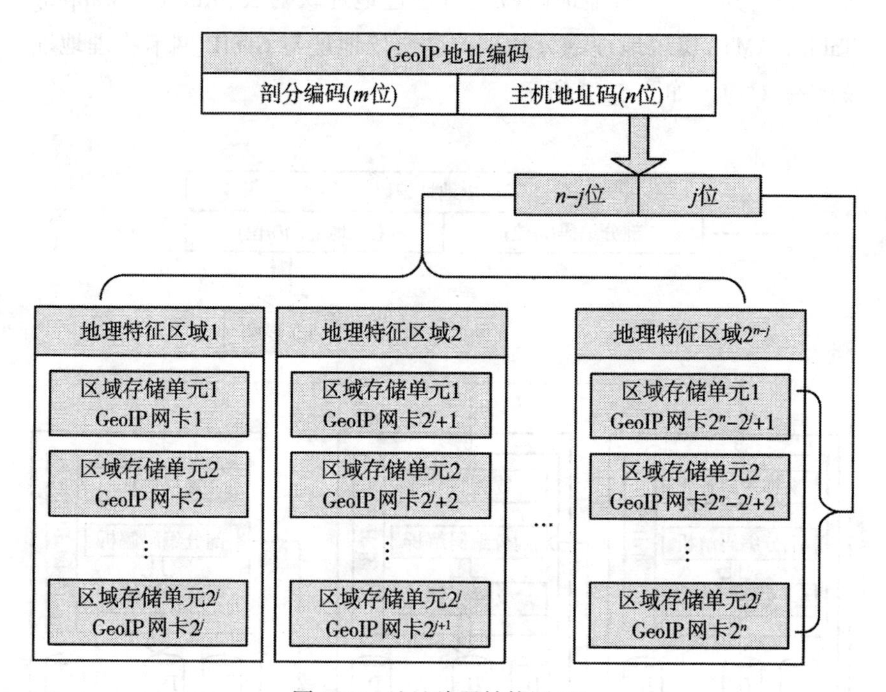

图5-18 地址编码结构图(2)

其中，主机地址码分为 j 位和 $n-j$ 位两个编码段，其中 $0<j<n$。

$n-j$ 位段用于地理特征区寻址，共可组织构建 2^{n-j} 个地理特征区。j 位段用于实现地理特征区内的区域存储单元定位，每个地理特征区内可构建 2^j 个区域存储单元。

5.4.5 寻址流程

地理剖分数据调度协议寻址流程如图5-19所示：

①通过屏蔽码A，获取GeoIP地址编码中的主机地址码；

②通过地址映射表获得GeoIP网卡的物理地址，定位到区域存储单元；

③通过屏蔽码B获取逻辑地址索引；

④逻辑地址索引通过已定位区域存储单元中的文件系统，实现对

物理存储体的数据访问。

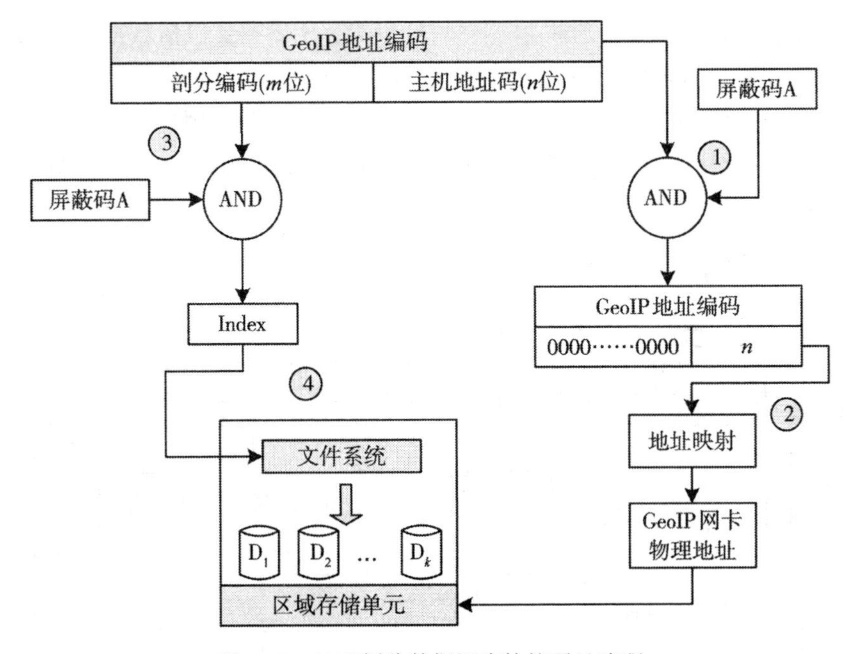

图 5-19　地理剖分数据调度协议寻址流程

5.5　服务应用实例

目前，空间数据应用正在经历从行业到公众的一次革命，业界推出了多个虚拟数字地球系统，用于无缝集成、表现和分析大范围乃至全球的多尺度、多类型海量空间数据，如 Google Earth、World Wind、Yahoo Maps、MSN Virtual Earth、ArcGIS Explorer、TerraExplorer、北京大学 ChinaStar、国遥新天地 EV-Globe、武汉大学 GeoGlobe、中科院遥感所 DEPS CAS、成都理工大学空间信息研究组 UStar 等。

基于 G/S 模式架构的数字地球应用系统开发可采用 ASP、JSP、PHP、Java 或 . net 等成熟技术。成都理工大学空间信息研究组成员采用 WorldWind 的 Java 版 SDK 作为基础开发包，界面和容器采用

Eclipse RCP 应用程序，自主开发了一个数字地球平台原型系统。其 G 端功能模块包括 2D&3D 显示、数据查询、编辑、更新、导入导出、时序、线路追踪、实时视频、空间分析等；S 端主要包括数据应用服务器和客户管理服务器两部分，其实质是分布式海量信息存储服务器群，功能模块包括数据访问、压缩解压、调度控制、用户认证等。该平台系统已经在数字旅游、数字园区、虚拟/数字月球数据共享服务等项目中提供数据支持。

图 5-20 为数字地球平台原型系统结构功能框架。

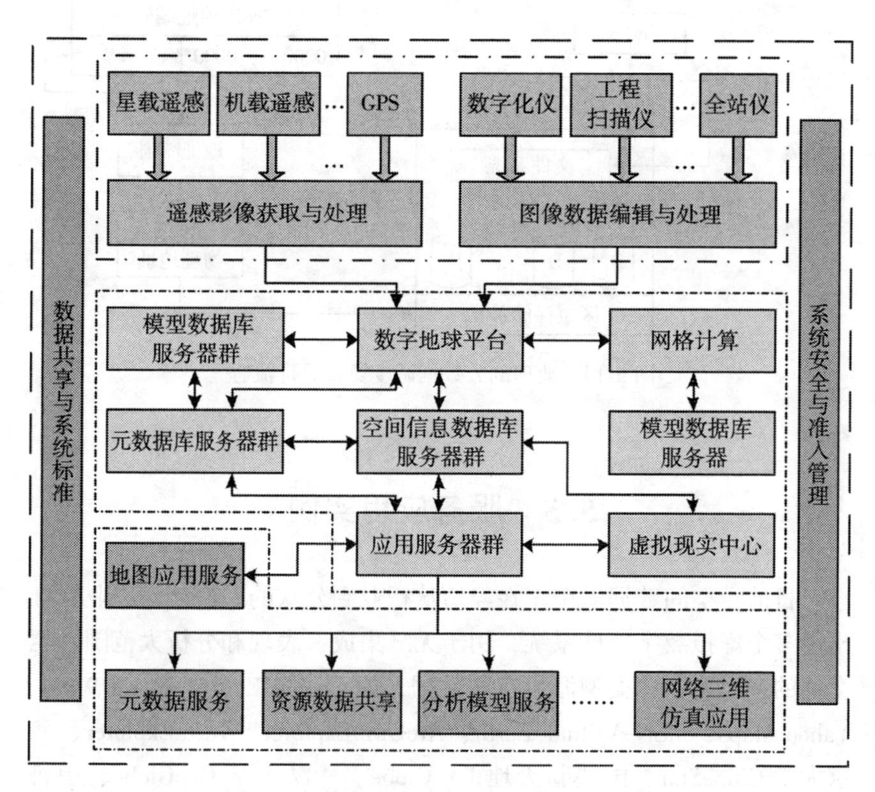

图 5-20　数字地球平台原型系统结构框架

原型系统技术特点：基于地球剖分多级格网体系的空间数据组织与管理体系；遥感影像数据以金字塔结构进行组织，支持多种格式遥感图像数据；具有本地文件、数据库、网络数据流等多种数据获取方式；开放式数据接口设计，易于扩充数据接入能力，并可统一整合为大文件格式，方便存储、加密和索引；提供基于地球剖分模型的对空间地物对象快速跟踪、索引和管理功能；支持一定的 GIS 功能；基于地球剖分模型的大规模地形 LOD(Level of Details)数据组织和显示技术；提供脚本编辑，实现任意路径的漫游功能；支持大量专题兴趣点标注信息显示；三维模型数据接口，支持加载外部三维建模工具(3DMax 等)生成的模型文件导入和浏览，自动或手动配置三维模型的空间位置。

图 5-21、图 5-22 对数字九寨沟、虚拟/数字月球数据共享平台进行了展示。

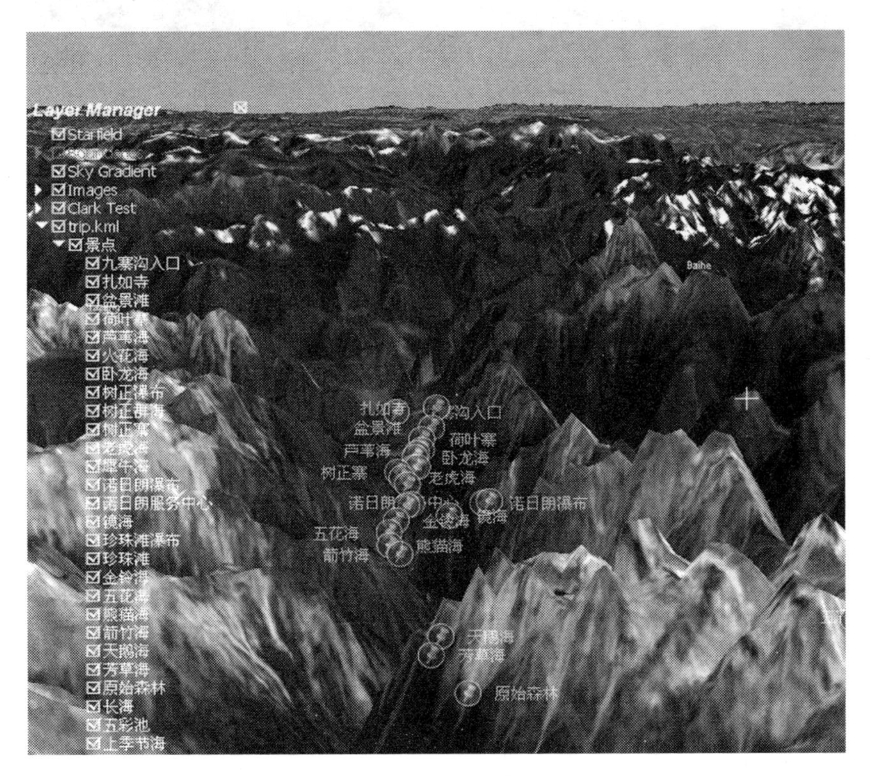

图 5-21　数字九寨沟

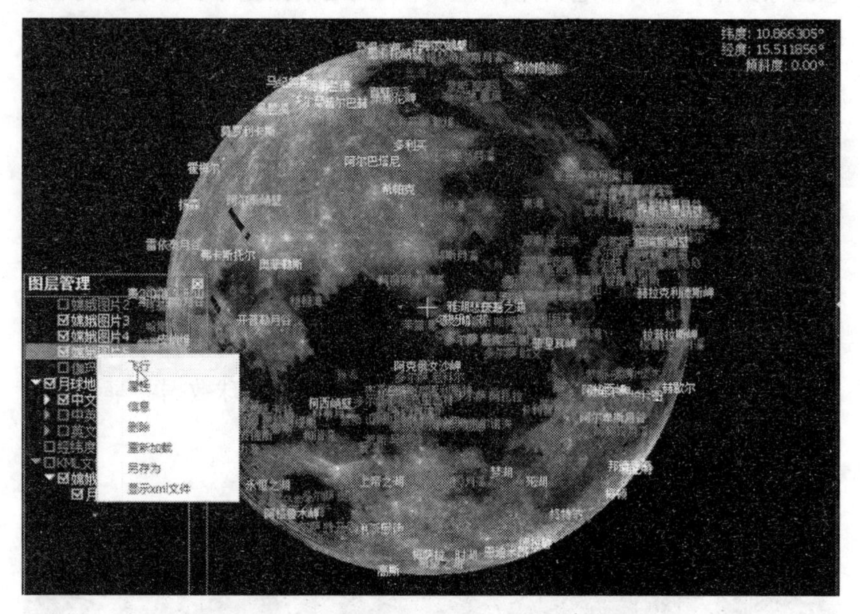

图 5-22　虚拟/数字月球数据共享平台

5.6 本章小结

目前，空间数据越来越广泛地应用于几乎所有的军事和民用领域，随着应用需求的扩大带来了空间数据爆炸式的增长，与此同时，空间数据处理算法也日益繁多，空间数据的解译和利用面临着高效组织、有序存储、合理的编程模型等难题。本章基于地球剖分理论，结合地图分幅拓展的地球剖分模型（the Extended Model Based on Mapping Division，EMD），针对遥感影像剖分面片进行了研究，并在此基础上，提出剖分面片模板的概念模型及数据模型，设计了空间数据的剖分化流程，提出了基于剖分模板的面片计算模式，设计并实现了一个小型化剖分模板数据库，并给出了剖分影像数据模板化应用的具体实例。

目前，空间数据尤其是海量遥感图像数据存在组织效率瓶颈问题和快捷应用难题，如查询检索速度慢、存取速度慢、整合应用慢等问题。针对这些问题，本书对空间信息网络服务模式、球面剖分理论进行了研究，结合客户端聚合服务的 G/S 模式架构，在地球剖分组织理论的支持下，提出了一种在 G/S 模式下的空间剖分数据存储调度服务模型，给出了空间剖分数据网络服务体系的架构、数据访问流程，设计了剖分数据存储调度服务模型的地址编码结构及地址解析过程，形成了一种有效的"数据分散存储，客户端信息汇聚"的空间剖分数据组织管理、按需整合、快捷调度机制。经原型测试对上述思路进行了部分验证，具有数据访问速度快、更新容易、对大数据适应的特点，能有效解决海量遥感图像数据的组织效率瓶颈和快捷应用难题，对于开发遥感图像内容检索系统具有一定的理论意义和应用价值。

第6章　空间剖分数据并行处理方法及平台开发

6.1　并行处理技术概述

6.1.1　并行处理基本概论

并行处理是指同时使用多种计算资源解决计算问题的过程。并行处理是算法设计、程序设计语言和计算机体系结构三者相结合的产物，其目的是尽可能利用处理器的硬件资源实现计算过程的加速。为执行并行计算，并行处理系统应包括一台或多台配有多处理机的计算机，工作在底层负责连接各处理机的高速网络资源以及对处理机计算任务进行作业调度的软件资源(Jordan，Alaghband，2004)。

并行处理的主要目的是快速解决大型且复杂的计算问题。当前许多工业与科研方面的重大问题需要依赖于计算机系统的计算能力进行海量运算以得到更精确的解。如力学领域的计算流体力学、地球环境学中的地下流建模、化学中的分子量子化学、地学领域的海洋建模、地震模拟等重大问题无一不需要大规模计算，进行计算机建模仿真，以便进一步了解所探讨问题的结构与运动规律(莫则尧，等，2005)。

提高处理速度的途径主要有两种：一种是提高计算机中央处理器的时钟频率，二是充分利用处理机的硬件资源，同时执行多个计算过程以加快处理速度。前一种途径以摩尔定律为代表，过去十几年间，CPU 的时钟频率从几十兆赫发展到现在主流的几万兆赫，处理能力得到了极大的提高，但是近几年来，由于生产工艺的限制，CPU 主频的进一步提高受到了限制。因此，业界转向了另外一个发展方向，即在一颗 CPU 上封装多个处理核心，CPU 从单一计算核转向多个计算核心，即多核 CPU。当前，多核 CPU 早已成为主流。如何利用多核 CPU 的潜能，使其能够同时处理多个计算过程，无疑会加快问题的处理速度。这种新的发展趋势极大地推动了并行处理的发展。

6.1.2 并行编程模型

按照指令流与数据流的特点，Flynn 将计算机分为两大类：单指令流多数据流(Single Instruction Multiple Data，SIMD)和多指令流多数据流(Multiple Instruction Multiple Data，MIMD)。常用的串行机即为单指令流单数据流(Single Instruction Single Data，SISD)(Jordan，Alaahband，2004)。MIMD 类的机器又可分为以下常见的五类：并行向量处理机(Parallet Vector Processor，PVP)、对称多处理机(Symmetric Multi processor，SMP)、大规模并行处理机(Massively Parallet Processor，MPP)、工作站机群(Cluster Of Workstation，COW)、分布式共享存储处理机(Distributed Shared Memory，DSM)。虽然专用的并行处理平台能够提供强大的并行计算能力，但其硬件成本太过昂贵，软件开发过程也比较复杂，实施难度比较大，且无法满足某些特殊领域处理的要求，因而没有得到广泛的应用。

针对不同并行计算机系统，主要存在如下几种并行编程模型：

1. 共享内存模型 OpenMP

在共享内存编程模型中，任务间共享统一的可以异步读写的存储地址空间。通常使用锁或信号量控制共享内存的访问冲突。典型的如 OpenMP，OpenMP 是一种共享内存并行的应用程序编程接口，所有的处理器使用一个共享的内存单元，处理器在访问内存时使用相同的内存编址空间。由于内存是共享的，因此，某一处理器写入内存的数据可以被其他处理器访问，从而实现各子线程间的通信与协作。

OpenMP 具有良好的可移植性，支持 Fortran 和 C/C++编程语言，操作系统平台方面则支持 UNIX 系统以及 Windows 系统。OpenMP 能够为编写多线程并行程序提供一种简单的方法，无需程序员进行复杂的线程创建、同步、负载平衡和销毁工作。OpenMP 特别适合多核计算机的并行编程。

OpenMP 的典型指令有：

①parallel，用在代码段之前，表示这段代码将被多个线程并行执行。

②parallel for，用在 for 循环之前，表示 for 循环的代码将被多个线程并行执行。

③parallel sections，用在代码段之前，表示多个代码段被并行执行。

④critical，用在一段代码临界区之前。

⑤single，用在单各代码段之前，表示后面的代码段将被单线程执行。

⑥barrier，用于并行区内代码的线程同步，所有线程执行到 barrier 时要停止，直到所有线程都执行到 barrier 时才继续往下执行。

⑦master，用于指定一段代码块由主线程执行。

⑧ordered，用于指定并行区域的循环按顺序执行。

⑨threadprivate，用于指定一个变量是线程私有的。

除上述常用指令外，OpenMP 还有一些库函数，下面列出几个常用的库函数：

①omp_get_num_procs，返回运行本线程的多处理机的处理器个数。

②omp_get_num_threads，返回当前并行区域中的活动线程个数。

③omp_get_thread_num，返回线程号。

④omp_set_num_threads，设置并行执行代码时的线程个数。

⑤omp_init_lock，初始化一个简单锁。

⑥omp_set_lock，上锁操作。

⑦omp_unset_lock，解锁操作，要和 omp_set_lock 函数配对使用。

⑧omp_destroy_lock，销毁一个锁。

2. 消息传递模型 MPI

一般来讲，并行机不一定在各处理器之间共享存储，当面向非共享存储系统开发并行程序时，程序的各部分之间通过来回传递消息的方式通信。消息传递指的是并行执行的各个进程具有自己独立的堆栈和代码段，作为互不相关的多个程序独立执行，进程之间的信息交互完全通过显示地调用通信函数来完成。

消息传递接口 MPI(Message Passing Interface)是一种被广泛采用的消息传递标准，MPI 标准定义了一组具有可移植性的编程接口。各个厂商或组织遵循这些标准实现自己的 MPI 软件包即可。由于 MPI 提供了统一的编程接口，程序员只需使用相应的 MPI 库就可以实现基于消息传递的并行计算。MPICH 是 MPI 标准的一种最重要的实现，由美国 Argonne 国家实验室和密西西比州立大学联合开发，现阶段主要使用的版本是 MPICH2。MPICH 支持多种操作系统，包括 Windows 系统和 Linux 操作系统的各大发行版，可应用于工作站集群和大规模并行处理器。

一个 MPI 并行程序由若干个进程组成，每个进程在执行前必须在 MPI 环境中进行注册，并且同时启动执行。MPI 程序一般必须包含 MPI 函数库头文件"mpi. h"，该头文件包含了编译 MPI 程序所必需的 MPI 常数、宏、数据类型和函数类型。图 6-1 给出了用 C/C++语言设计并行 MPI 程序的流程图。

MPI 程序的执行步骤一般为：搭建 MPI 执行环境，编译 MPI 并行程序，得到可执行程序，通过 mpirun 命令并行执行该 MPI 程序。

3. 数据并行模型 MapReduce

早期数据并行计算模型以 Fortran 语言为代表，该模型的特点有：并行工作主要是操纵数据集，数据集一般都是像数组一样典型的通用的数据结构；任务集都使用相同的数据结构，每个任务都有自己的数据，且每个任务的工作都相同。

MapReduce 是 Google 实验室提出的一个分布式并行编程模型，主要用来处理和产生大规模数据集。2004 年 Dean 和 Ghemawat 第一次发表了这一新型分布式并行编程模型(刘鹏，2011)。MapReduce 并行计算框架以在大型集群上执行分布式应用的简单性和可用性著称。MapReduce 由 Map 和 Reduce 两个函数提供高层的并行编程模型和接口，分别进行任务的分解和对结果的汇总。Hadoop 采用不同于 MPI 的"计算向存储迁移"的策略，计算时各节点读取存储在自己节点的数据进行处理，从而避免了大量数据在网络上的传输，从而在处理 TB 级的海量数据时与 MPI 相比有很大的优势。

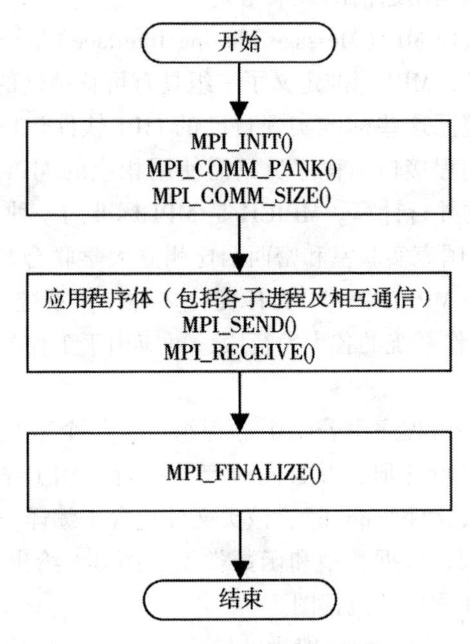

图 6-1 MPI 程序的基本结构

自 Dean 和 Ghemawa 发表关于 MapReduce 论文后，MapReduce 编程模型引起了学术界和工业界的广泛关注。以 Yahoo、Amazon 和 IBM 为典型代表的工业界将其作为云计算平台的基础计算模型，并将其应用到互联网计算服务、企业计算服务以及科学计算服务领域。

一个 MapReduce 作业(job)通常会把输入的数据集切分为若干独立的数据块，由 map 任务(task)以完全并行的方式处理它们，产生<key，value>形式的键值对，作为 reduce 任务的输入，一般有一个 combine 函数进行键值对的合并，以减少中间键值对的数量。作业的输入和输出都会被存储在 Hadoop 的分布式文件系统 HDFS 中，实现高吞吐率的数据读写。MapReduce 的后台程序 JobTracker 负责各子任务的调度和监控以及重新执行已经失败的任务。MapReduce 框架有 NameNode、DataNode、Secondary NameNode、JobTracker、TaskTracker 等后台程序。

6.1.3 并行处理技术在遥感领域的应用

遥感影像作为一种实时性高、覆盖范围广、信息丰富的空间信息资源，已经成为国家空间数据基础设施建设的重要基础数据，在航空航天、军事侦察、灾害预报、环境监测、土地规划与利用、农作物估产等诸多军事及民用领域发挥了重要作用。随着对地观测技术、遥感技术、计算机及通信技术的迅猛发展，空间信息的数据量以每日 TB 级的速度急剧膨胀，如何提高对于海量遥感数据的处理能力是亟待解决的问题。因而，为遥感领域各种应用算法在海量数据处理方面进行并行优化以及面向遥感空间信息的快速处理一直是遥感领域的研究热点。目前，主流的快速遥感处理系统有如下几种实现：

基于 MPI 或 OpenMP 的计算模型。该模型以局域网内计算机集群为基础，充分发挥计算节点的多个核心的计算能力，通过高性能计算机网络，基于消息传递接口协调计算集群内的计算节点，实现计算任务的并行处理，从而提高算法的性能。

基于 CUDA 技术的 GPU 计算模型。传统的 GPU 仅被用于执行图像渲染任务，造成了计算资源的极大浪费。随着 GPU 可编程能力的不断提高，其应用也被逐渐扩展到通用计算领域，即 GPGPU（General-Purpose computing on Graphics Processing Uints，基于 GPU 的通用计算）。NVIDIA 公司在 2007 年推出了 CUDA，通过简单易用的类 C 语言进行开发，就能够获得几倍、几十倍，乃至上百倍的加速效率，因而在图像处理领域应用广泛。

6.2 基于剖分面片模板的并行处理技术

6.2.1 剖分模板并行处理模式

剖分模板并行处理的基本思想是：将模板作为剖分面片计算的基本单元，在适当的剖分层级、适当的范围内以每个面片为单元建立基准影像，根据面片信息、影像信息及应用需要创建剖分模板，当处理某区域的数据时，可从模板库中提取相应的影像面片模板用于计算，从而实现影像的快速剖分化并行处理，为相关应用提供支持(Xiong, 2014)。

遥感影像中每个像素点都具有一定的空间含义，且存在一定的关联，其特征分布也呈空间连续性。在剖分组织框架下，遥感影像数据是按照剖分块来存储记录的，因而便于采用并行处理方法。剖分模板融合了剖分面片和遥感影像的共同特征，具有得天独厚的优势进行遥感影像的并发计算。剖分面片的空间连续性、分布式存储便于实现不同计算节点间的并行处理；遥感影像和剖分模板的数据格式和组织方式可以实现在同一计算节点内部的并行处理。基于剖分模板的面片并行处理模式如图 5-10 所示。

6.2.2　剖分面片基本空间关系

剖分面片空间关系是指由剖分面片纯几何位置所引起的空间关系，是剖分面片并行处理的基础和前提。相较于传统的地理空间关系和遥感影像中实体的空间关系，剖分面片空间关系的识别和定位更加方便、准确，并且利用二进制的剖分编码来进行空间关系计算更快捷、有效。

剖分面片主要具有面片度量关系、方位关系、拓扑关系这三种基本空间关系(程承旗，等，2012)。其中，度量关系用来描述剖分面片的距离、远近等，主要涉及空间距离模型和度量精度；方位关系用来描述剖分面片在空间中的某种方位关系，如前后、上下、左右以及方位角关系等。拓扑关系是在拓扑变换下的拓扑不变量，是剖分模板存储和计算的关键特征信息。依据本书需要，此处着重介绍拓扑关系中的包含和相邻关系。

1. 包含关系

不同层级面片之间的包含关系可以使用面片编码来描述：面片 A、B 的二进制编码 M_A、M_B 长度分别为 L_A、L_B，满足 $L_A<L_B$，且 M_B 的前 L_A 位与 M_A 一致，即为 A 包含 B。要判断两个面片间是否为包含关系，可根据面片包含关系的定义，逐位比较。

例如，某个 5 级面片 A 编码为 $M_A=(10001)$，6 级面片 B 编码为 $M_B=(100011)$，对两个编码进行逐位异或运算就可以确定，可用公式 6-1 表示如下：

$$A \supset B \Leftrightarrow \{L_A < L_B,\ M_A \oplus M_B(0,\ L_A) = 0\} \tag{6-1}$$

其中，$\oplus$表示异或运算，$M_B(0,\ L_A)$ 表示面片 B 编码 M_B的第 0 位到第 L_A位编码。因此，要获取一个 N 级面片的 $N-m$ 级父面片，只需要截取前 $N-m$ 位编码即可，如 (012) ⊂ (01) ⊂ (0)；要获取一个 N 级面片的 $N+m$ 级子面片，只需要扩展后 $N+m$ 位编码即可，如 (0) ⊃ (01) ⊃ (012)。

2. 相邻关系

由于面片编码是与剖分面片具有的全球唯一性标识，对应于真实空间中一个确定的地理区域，那么，空间地理区域的连续性可以通过相同层级剖分面片的相邻关系来体现。面片间的相邻关系也可以通过面片编码的二进制运算来计算。与实际地理区域相似，两个剖分面片 A 和 B 的相邻关系有经向相邻、纬向相邻和角相邻等多种情况。对面片编码进行基本二进制运算就可以完成剖分面片相邻关系的判定。例如，面片 A、B 的经向相邻的 4 种类型描述如公式 6-2 所示。

$$A\text{与}B\text{经向相邻} \Leftrightarrow \begin{pmatrix} L_A = L_B,\ |M_A - M_B| = 1 \\ L_A > L_B,\ \mathop{\&}\limits_{i=L_B+1}^{L_A} M_A(i) = 0,\ M_A(1,\ L_B) - M_B = 1 \\ L_A > L_B,\ \mathop{\&}\limits_{i=L_B+1}^{L_A} M_A(i) = 1,\ M_B - M_A(1,\ L_B) = 1 \\ L_A < L_B,\ \mathop{\&}\limits_{i=L_A+1}^{L_B} M_B(i) = 0,\ M_B(1,\ L_A) - M_A = 1 \\ L_A < L_B,\ \mathop{\&}\limits_{i=L_A+1}^{L_B} M_B(i) = 1,\ M_A - M_B(1,\ L_A) = 1 \end{pmatrix} \tag{6-2}$$

其中，$M_A(i)$ 表示面片 A 的编码 M_A中第 i 位，$M_A(i,\ j)$ 表示面片 A 的编码 M_A中第 i 至第 j 位，“$-$”表示二进制减法运算，“$\mathop{\&}\limits_{i=L_B+1}^{L_A}$”表示二进制按位并运算。

6.2.3　剖分模板计算模式

剖分模板既具有剖分面片的特征和优势，又具有低层遥感影像的基本信息，根据不同区域遥感影像的处理需求，可以设计多种不同的模板，如用于配准的控制点模板、用于目标检索的特征模板。其中，剖分模板计算模式是在剖分面片基本空间关系的基础上而进行的模板操作方法，是不同类型剖分模板应用中所面临的共同处理需求和并行计算基础。利用剖分模板定义基本计算方法及操作方法，并按照剖分面片的位置和编码唯一性来确定剖分模板的计算模式，从而实现遥感影像的快速并行化处理任务。

基于剖分模板的遥感影像并行计算是在面片包含、相邻、相离、方位角、距离等基本关系运算的基础，以剖分面片为单位实现遥感影像的移动、变化、缩放、旋转、重组等操作。其中模板计算模式是研究这些操作中核心的基本运算，主要包括两个方向的计算，即纵向上面片的聚合、分裂操作，横向上面片的扩展、变换操作。

1. 纵向计算模式

在地物分析处理中常常需要将区域临近、属性相近的地物要素进行聚合归类或分解散开，因此，剖分模板在纵向上的聚合和分裂操作满足人们对剖分面片和遥感影像的认知和管理需求。

聚合操作是指若干个同级面片聚集得到一个高层级的面片，主要涉及同级面片的位置关系组合、面片数据结构调整等，可以利用剖分模板数据集合及面片二进制编码的逻辑运算来完成(Xiong，2014)。分裂操作表示一个高级别面片分裂为若干个低层级面片，主要涉及面片的分割、子面片的排列、高精影像的选取等。

N个剖分面片A_1，A_2，…，A_N聚合得到面片B，可能存在多种情况，如图6-2所示，所以要根据面片编码对其位置进行重排。聚合操作处理流程可以描述为：

①检查任意两个面片A_i和A_j的编码长度是否相同，即$L_{A_i}=L_{A_j}$是否真，且存在整数n，满足$n\in(0,\ L_{A_i}]$，且$M_{A_i}(n)=M_{A_j}(n)$；

②按照面片编码方法重新排列A_1，A_2，…，A_n，得到新的序列A'_1，A'_2，…，A'_n；

③根据聚合度数确定面片B的编码M_B，$M_B=M_{A_i}(0,\ L_{A_i}-\lceil \log N \rceil)$，即在面片$A_i$编码$M_{A_i}$上缩短$\lceil \log N \rceil$位；

④检查面片编码M_B是否存在，若存在，直接提取其对应的剖分

遥感影像模板；若不存在，根据聚合度数对剖分影像数据进行聚合操作：面片 B 对应的剖分影像中任意点的像素值 $P_B(x)$ 取面片 A_i 中 $N\times N$ 个像素点 $P_{Ai}(x)$ 所组成的正方形上平均值，即 $P_B(x, y) = \sum_{i=0}^{N}\prod_{x=0, y=0}^{x=N, y=N} P_{Ai}(x, y)$。

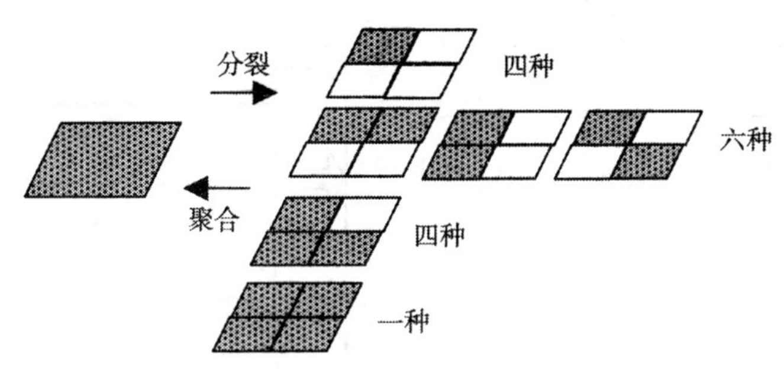

图 6-2 剖分面片聚合分裂状态

一个面片 B 分裂为 N 个剖分面片 A_1，A_2，…，A_N 的过程可以看成是聚合操作的逆过程。

2. 横向计算模式

因为普通遥感影像可能跨越多个面片区域，而使用剖分思想进行模板处理需要将遥感影像按照剖分面片的地理位置和形状特征进行重组和校正。横向计算模式主要在同级面片之间，主要涉及与遥感影像浏览、检索相对应的扩展、变换等操作。扩展操作表示相邻同级面片直接的拼接、镶嵌，组成大的临时视图。变换操作是与遥感影像相对应的移动、旋转、裁剪等具体操作相对应，利用剖分模板完成面片的临时移动、旋转、裁剪等几何变化操作，可以对每种操作具体定义。

6.2.4 基于剖分面片模板的遥感影像并行处理方法

依据地图分幅拓展的地球剖分模型，通过建立剖分面片模板的数据模型，快速生成剖分面片模板；在 MPI 与 OpenMP 混合并行计算框架下，根据具体的遥感影像算法的并行化模型，将算法串行处理步骤抽象为该并行类的方法成员，形成剖分面片模板处理算法的并行化类库，通过实例化并行化类对象，调用其内部方法实现计算任务在集群的并行执行。其算法实施环境层次结构如图6-3所示。

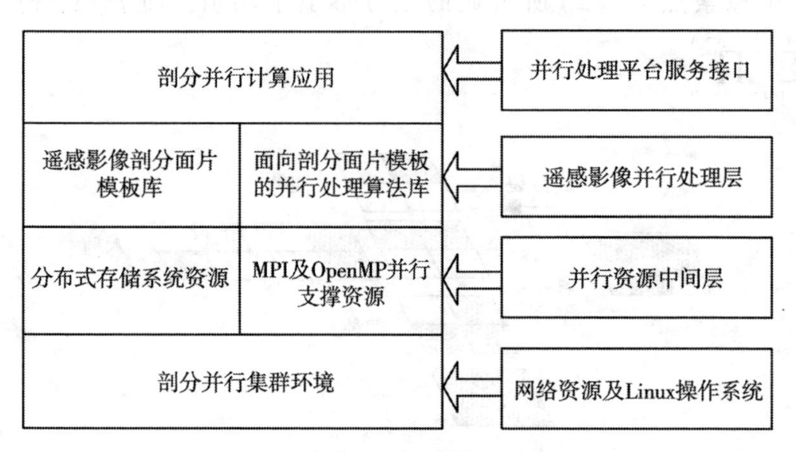

图6-3　算法实施环境层次结构

基于剖分面片模板的遥感影像并行处理方法具体实施步骤如下：

1. 建立基于EMD模型的热点区域剖分面片模板库

建立剖分面片模板库的基本流程如图6-4所示，其具体步骤为：针对特定热点区域、分辨率的遥感影像，基于EMD剖分面片数据模型，按照EMD剖分流程生成该遥感影像所对应的第5～8级剖分面片，提取剖分面片单元的模板化特征形成面片模板，进行入库操作；在模板库中检索该面片模板，如果不存在则直接入库，如果已经存在，则根据该遥感影像识别目标的特征进行相似度对比，确定阈值t，当对比结果小于t则不更新该面片对应的模板，否则入库并更新该面片模板。模板库的存储系统采用Hadoop平台的HBase分布式数据管理平台，根据面片的标号采用Hash算法确定该面片在HDFS分布式系统的存储位置，按照“数据节点编号\卫星类型\面片层级\目标模板数据”方式组织面片模板数据。本设计方案的模板库是具有易扩展特性的分布式存储结构，实现了面片模板的快速定位、检索以及面向剖分面片模板的分布式处理功能。

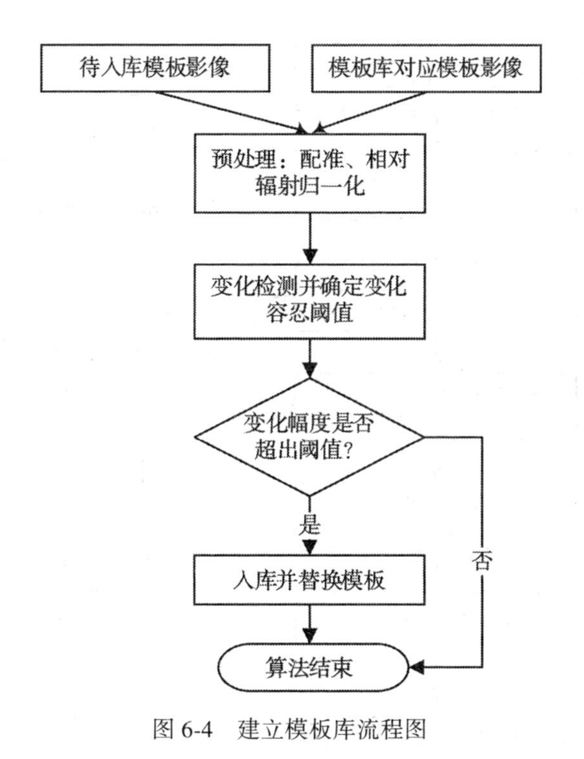

图 6-4　建立模板库流程图

2. 提取面向剖分面片模板处理算法的并行处理模型

分析模板相关的处理算法，分析其可并行的代码步占整个算法的总运算步的百分比，并行化分析步骤如图 6-5 所示。

将算法的并行化特征分为三类：全局可并行算法、局部可并行算法、不可并行算法。根据这三种不同的分类，提取三种不同的并行化处理模型：全局并行处理模型、局部并行处理模型、串行算法处理模型。

全局并行化处理模型主要针对具有天然并行性的处理算法。该模型的处理流程为：集群主节点接受参数，完成初始化功能，利用 MPI 消息库，将计算热点区域分解到各个计算节点，各计算节点获取计算任务，利用 OpenMP 实现节点内的并行计算，最后将计算结果聚合至主节点。主节点动态控制计算节点的计算负载。

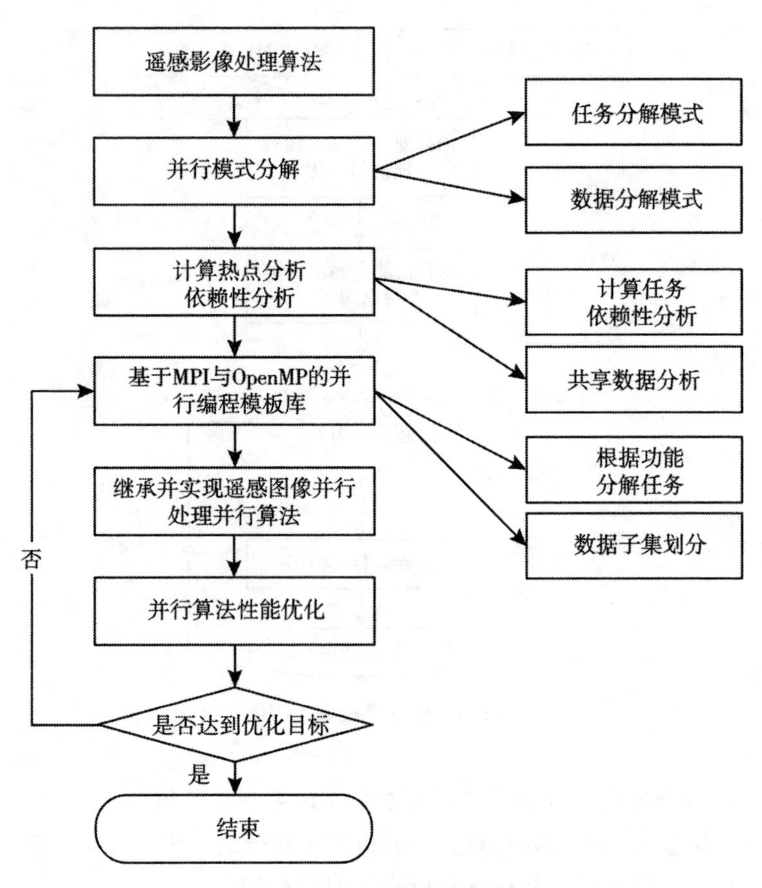

图 6-5　并行性分析流程图

局部可并行处理模型主要针对部分计算具有依赖的处理算法。该模型的处理流程为：集群主节点接受参数，进行初始化操作，执行串行处理流程，分析计算热点区域，采用数据分解或工作分解两种策略对计算热点进行分解，其余处理流程与全局并行处理模型类似。

串行算法处理模型主要针对计算热点区域依赖性较强，并行性较差的处理算法。因计算依赖型较强，并行化开销可能超过原来的串行算法，这类算法的处理流程为：集群主节点进行计算任务的分配，利用 MPI 将计算任务分配至存放对应面片模板的计算节点，实现计算任务的本地计算，从而节省数据传输所带来的额外开销。

3. 设计并行化类库的顶层结构

利用抽象工厂设计模式，根据上面提出的并行处理模型设计三个接口 IFullParallel Processing、ISectionParallelProcessing、INearbyProcessing。该接口定义面向剖分面片模板处理算法的并行化流程，并把流程中每一个步骤抽象为接口中的方法，如图 6-6 所示。

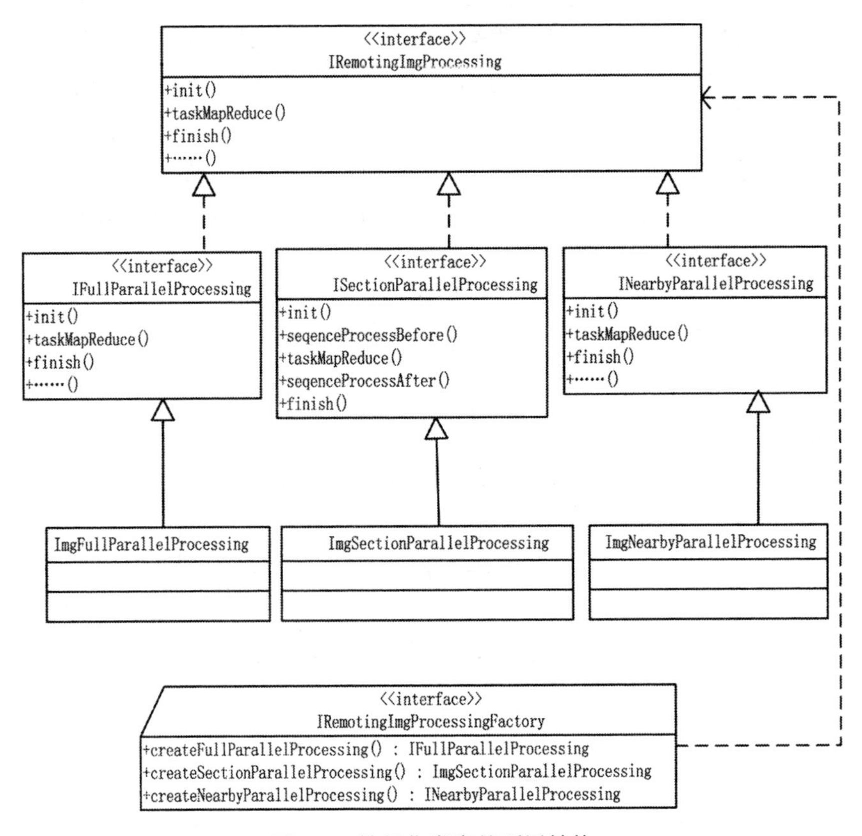

图 6-6 并行化类库的顶层结构

为面向剖分面片模板的处理算法并行类实现一个共同的父接口，即抽象工厂 IRemotingImgProcessingFactory，该工厂定义三个方法 createFullParallelPr _ ocessing ( )、createSectionParallelProcessing ( )、 createNearbyProcessing( )。具体工厂 RemotingImg ProcessingFactory 实现抽象工厂接口，负责生成遥感图像处理算法具体的并行化类。

4. 构建基于面片模板处理算法的并行类库

针对具体处理算法，根据其算法特点确定其并行化模型，实现相应的接口，即可实现该算法的并行化，从而实现该处理过程的快速并行化。

首先，确定该处理算法所必须的计算参数，这些参数包括算法的输入输出、对应的面片模板编号、图像像素大小等，将其映射为相应并行算法类的数据成员，编写相应的构造方法实现该类的初始化；然后，选定该处理算法的并行化处理模型，实现相应的接口，逐一实现接口所定义的并行化步骤，即完成该算法的并行类。最后，将常见的处理算法按上述方法进行并行化，构建常见处理算法的并行化类库，其流程如图6-7所示。

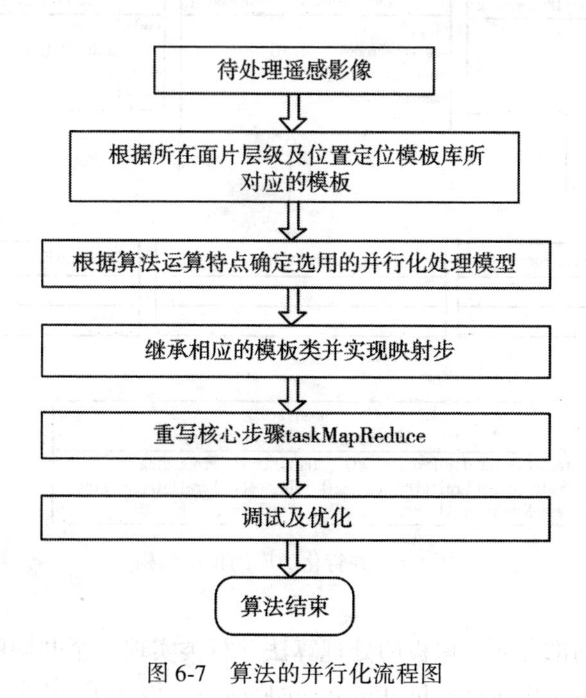

图6-7　算法的并行化流程图

该方法在用户没有并行开发经验，不熟悉高性能计算平台的技术细节和空间数据的剖分组织机理的基础上，只需要通过实例化相应遥感影像算法的并行类进行初始设定，通过调用该类所提供的方法接口，就可以与剖分面片模板库中的模板进行快速的并行计算，从而达到大幅度提高遥感影像处理效率的目的。

6.3 基于OpenMP与MPI的遥感影像并行分割算法

6.3.1 *K*-Means 算法

K-Means 算法是十大经典数据挖掘算法之一，是基于划分的聚类算法的典型代表。其基本思想是：从数据集中选择 K 个数据点作为聚类中心，按照最邻近原则把待分类样本点分到各个簇。然后按平均法重新计算各个簇的质心，从而确定新的簇心。一直迭代，直到簇心的移动距离小于某个给定的值。

K-Means 算法接受参数 K，即聚簇的个数，然后将事先输入的 n 个数据对象划分为 K 个聚类。则算法描述如下：

①适当选择 K 个类的初始中心；

②每次迭代，对任意一个样本，求其到 K 个中心的距离，将该样本归到距离最短的中心所在的类；

③利用均值等方法更新该类的中心值；

④对于所有的 K 个聚类中心，如果利用步骤②和步骤③的迭代法更新后，簇心的移动距离小于给定值，则迭代结束，否则继续迭代。

该算法的最大优势在于简洁和快速。算法的关键在于聚簇个数 K 的确定以及初始中心的选择。

K-Means 算法中的聚簇个数 K 必须是事先给定的，一般可根据经验给出。但是对于聚类数目未知或者经验很少的问题，K 值很难确定。杨善林等人提出将距离代价函数作为最佳聚类数的有效性检验函数，建立了相应的数学模型，并据此设计了一种新的 K 值优化算法（杨善林，等，2006）。田森平等人利用抽样技术，对抽样数据相互

之间的间距进行计算自动获取 K 值(田森平，吴文亮，2011)。

最简单的确定初始中心点的方法是随机选择 K 个点作为初始的类簇中心点，改进的初始中心选择方法还有：选择彼此距离尽可能远的 K 个点，首先随机选择一个点作为第一个初始中心点，然后选择距离该点最远的那个点作为第二个初始中心点，然后再选择距离前两个点的最近距离最大的点作为第三个初始中心点，依次类推，直至选出 K 个初始中心点。或者对聚类数据进行预处理，先对数据用层次聚类算法或者 Canopy 算法进行聚类，得到 K 个簇之后，从每个簇中选择一个点，该点可以是该类簇的中心点，或者是距离簇中心点最近的那个点(赵庆，2014)。

6.3.2 MPI+OpenMP 混合编程模式

目前有两种主要的并行系统：分布式内存系统和共享内存系统。在分布式内存系统中，每个核都拥有自己的私有内存，核之间的通信是显式的，需要使用消息机制实现；而在共享内存系统中，各个核心共享同一个内存区域。

MPI 用于分布式内存系统的编程，一个 MPI 系统通常由一组库、头文件和相应环境构成，其并行程序通过调用库中函数完成消息传递，在编译时与库进行链接。目前常用的 MPI 环境是 MPICH2。

OpenMP 用于共享内存系统的编程，是对 C 语言相对更高层次的扩展，很容易将现有的串行程序转换为并行程序，OpenMP 使用 Fork-Join 的并行执行模式。

MPI+OpenMP 的分布式/共享内存的混合编程模式结合了分布式内存结构和共享式内存结构的优势。在该模式下，计算节点内部和节点之间采用二级并行，在计算节点内部利用 OpenMP 方式并行，计算节点之间采用 MPI 方式并行。实践证明，该模式能较好地提升并行系统的性能(Hudik，Hodon，2014)。

6.3.3 基于 OpenMP 与 MPI 的遥感影像并行分割算法

基于上述思想，设计了集群环境下的基于 K-Means 的混合型图像并行分割算法。该算法采用 MPI 并行框架，主线程读取影像数据，根据计算节点数目，进行任务分解，由于图像数据按行存放，可根据行数及计算节点个数进行分块，将影像数据均匀分解成若干个子图，将各子图数据及聚类中心传输到各个节点计算进程。进程间的通信由 MPI 的消息传递函数完成。各计算进程各自执行并行的 *K*-Means 聚类算法。*K*-Means 聚类算法主要时间耗费在计算各像素与聚类中心的距离，该算法利用 OpenMP 的#Pragma omp parallel for 编译指导指令，将计算任务并行分解到计算节点的多个核心。计算进程将各自聚类结果传回给主进程，主进程进行层次聚类算法，从而完成各聚类的合并。层次聚类计算各子聚类的距离，该距离定义为两子聚类间节点的平均距离，当该距离小于一阈值时进行子聚类的合并，该阈值通过实验确定最佳值。算法的具体流程如图 6-8 所示。

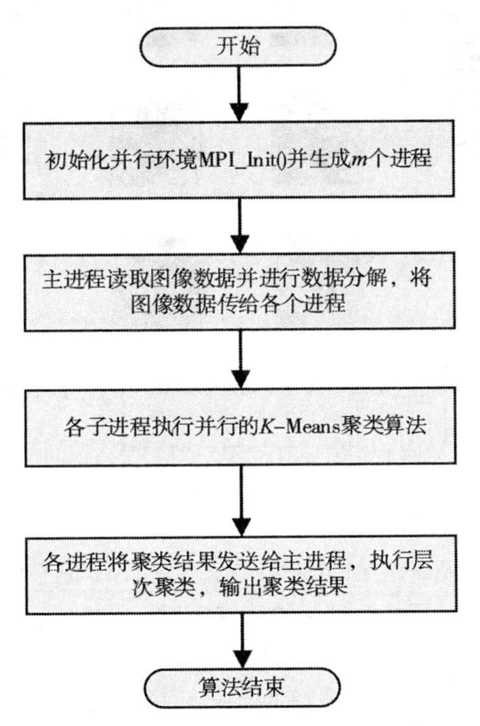

图 6-8 基于 *K*-Means 的混合并行分割算法流程图

6.3.4　具体应用实例

下面通过一个遥感影像分割的例子对上述思路进行验证。首先，对影像数据进行分级剖分处理，形成剖分面片集合；依据具体应用选取相应级别的剖分面片，利用上述算法进行并行化分割处理，最终实现遥感影像的快速并行处理，如图6-9所示。

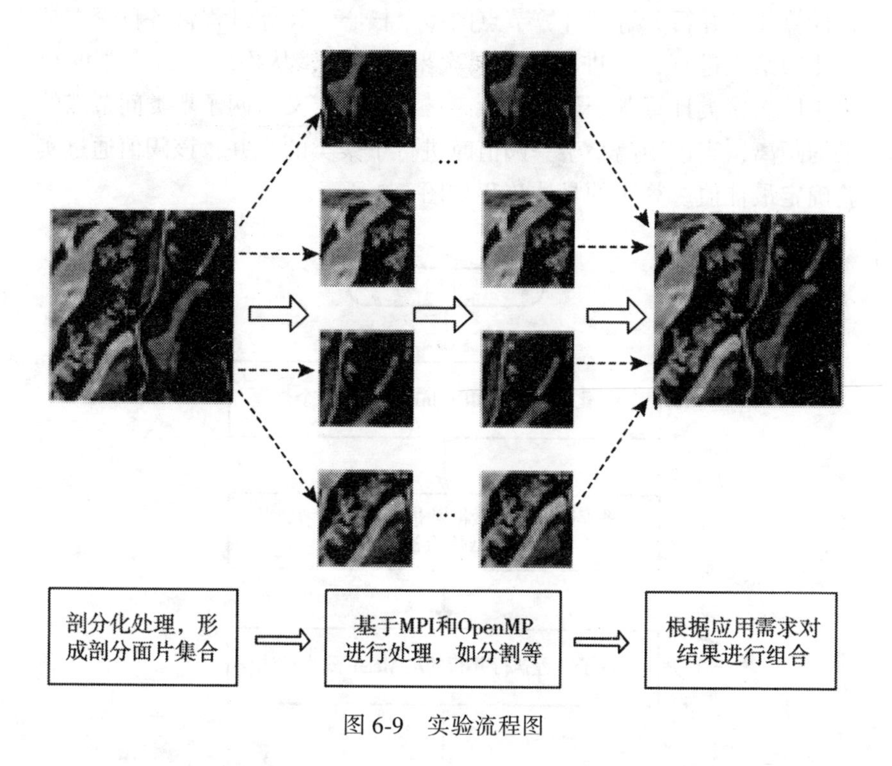

图6-9　实验流程图

研究数据来源于2013年9月9日Landsat8卫星的操作陆地成像仪所拍卫星影像，影像区域为哈萨克斯坦远东地区，空间分辨率大于8m。依据EMD模型对其进行剖分处理，形成面片集，依据应用需求对面片进行并行处理，处理后的剖分面片可根据需要进行缝合、拼接；选取实验区域剖分面片，其影像大小为1667×1666像素。

实验中使用4台计算节点，每个计算节点CPU选用为Intel i5-4590 3.3G四核处理器，内存选用Kingston DDR3 2666 8G。所采用软件环境为 Windows7 操作系统，开发工具为 Visual Studio2010，并行环境为 MPICH2，多线程库采用 OpenMP，图像分割算法采用 *K*-Means 聚类算法，其中聚类中心数 *K* 值为 4。

依据书中所述方法对 *K*-Means 算法进行并行化实现，其算法思想不再赘述。算法串行及并行分割后的影像效果如图 6-10 所示，图(a)为影像原图，图(b)为串行 *K*-Means 分割效果，图(c)为并行 *K*-Means 分割效果，其分割效果接近。

(a) 原图

(b) 串行分割效果

(c) 并行分割效果

图 6-10　分割实验结果

选择 10 次不同的初始聚类中心，对上述剖分遥感影像面片单元进行 10 次串、并行 *K*-Means 算法测试，其时间消耗对比见表 6-1，本书所述的并行方法在时间上有明显的优势。由于聚类中心选择的随机性导致每次算法运行时间有差异，但从平均情况来看，并行算法的加速比达到 2.947 左右，从表中数据可以看出，加速比相对稳定，加速效果较为理想。

表 6-1　**K-Means 算法串行及并行运行比较**

实验次数	串行时间消耗(秒)	并行时间消耗(秒)	加速比
1	183.176	58.151	3.150
2	162.693	53.342	3.050
3	174.328	59.907	2.910

续表

实验次数	串行时间消耗(秒)	并行时间消耗(秒)	加速比
4	155.725	47.915	3.250
5	165.564	58.297	2.840
6	176.738	54.048	3.270
7	169.405	60.937	2.780
8	177.648	61.470	2.890
9	172.653	51.538	3.350
10	167.148	72.990	2.290
平均	170.508	57.860	2.947

6.4　剖分遥感影像并行处理平台

6.4.1　开发环境介绍

软件开发平台操作系统为 Windows 7，开发环境为 Visual Studio 2010，为支持跨平台，实现程序的可移植性，选用 Qt 4.8.5 作为用户界面开发框架，采用 GDAL 1.10.1 库处理遥感影像文件，并行环境选用 MPICH2 及 OpenMP。

1. Qt4

Qt 诞生于 1991 年，是一个由奇趣科技开发的跨平台 C++GUI 应用程序开发框架。Qt 既可以开发 GUI 程序，也可以用于控制台工具开发和服务器端开发。Qt 是面向对象的框架，使用特殊的代码生成扩展以及一些宏，因而易于扩展，允许组件编程。2008 年，Nokia 公司收购了奇趣科技，QT 也因此成为 Nokia 旗下的编程语言工具。2012 年，Qt 被 Digia 收购。2014 年 4 月，跨平台集成开发环境 Qt Creator3.1.0 正式发布，实现了对于 iOS 的完全支持，新增 WinRT、

Beautifier 等插件，废弃了无 Python 接口的 GDB 调试支持，集成了基于 Clang 的 C/C++代码模块，并对 Android 支持做出了调整，至此实现了全面支持 iOS、Android、WP 等移动端操作系统。

Qt 具有优良的跨平台特性，支持各种 PC 端、移动端操作系统，如 Microsoft Windows 95/98，Microsoft Windows NT，Linux，Solaris，FreeBSD，iOS、Android、WP 等。Qt 的良好封装机制使得 Qt 的模块化程度非常高，可重用性较好，开发者使用方便。Qt 提供了一种信号/槽的机制来替代回调函数，这使得各个元件之间的协同工作变得十分简单。Qt 具有丰富的 API，包括多达 250 个以上的 C++类，支持基于模板的容器、序列化、IO 操作及正则表达式等。Qt 支持 2D/3D 图形渲染，支持 OpenGL。

2. GDAL

GDAL 全称是地理空间数据抽象库(Geospatial Data Abstraction Library)，是一个在 X/MIT 许可协议下的读写空间数据(包括栅格数据与矢量数据)的开源库。GDAL 最初由 Frank Warmerdam 个人于 1998 年开始开发，在 GDAL1.3.2 版本之后，开始由开源空间信息基金会下的 GDAL/OGR 项目管理委员会负责对其进行维护。

GDAL 利用抽象数据模型来表达所支持的各种文件格式，并提供进行数据转换和处理的一系列工具。OGR 是 GDAL 项目的一个分支，功能与 GDAL 类似，只不过它提供对矢量数据的支持。GDAL 提供对多种栅格数据的支持，包括 Arc/Info ASCII Grid(asc)，GeoTiff(tiff)，Erdas Imagine Images(img)，ASCII DEM(dem)等格式。GDAL 使用抽象数据模型来解析它所支持的数据格式，抽象数据模型包括数据集(Dataset)、坐标系统、仿射地理坐标转换(Affine Geo Transform)、大地控制点(GCPs)、元数据(Metadata)、栅格波段(Raster Band)、颜色表(Color Table)、子数据集域(Subdatasets Domain)、图像结构域(Image_Structure Domain)、XML 域(XML: Domains)(李民录，2014)。

有很多著名的 GIS 类产品都使用了 GDAL/OGR 库，包括 ESRI 的 ArcGIS 系列，Google Earth 和跨平台的 GRASS GIS、Quantumn GIS 系统等。

3. MPI

MPI是消息传递并行程序设计的标准之一。MPI 2.0规范除支持消息传递外，还支持MPI的I/O规范和进程管理规范。MPI正成为并行程序设计事实上的工业标准。MPI标准定义了一组具有可移植性的编程接口。各个厂商或组织遵循这些标准实现自己的MPI软件包即可。MPI支持多种操作系统，包括主流的UNIX \ Linux操作系统以及Windows操作系统。

MPI的实现包括MPICH、LAM、IBM MPL等多个版本，最常用和稳定的是MPICH，曙光天潮系列的MPI以MPICH为基础进行了定制和优化。MPICH的开发主要是由Argonne National Laboratory和Mississippi State University共同完成的，在这一过程中IBM也作出了自己的贡献。

6.4.2　软件开发过程

该剖分遥感影像并行处理平台支持tiff、img、dem、asc等各种主流格式的遥感影像文件，对大遥感文件，采用分块读取，可以实现影像的快速加载。平台具有遥感影像的动态显示、几何校正、图像增强、图像裁剪、直方图统计、灰度化、图像分割等功能。

1. 界面设计

利用GDALRasterIO读取遥感影像各波段数据，根据影像的波段信息，合成图片，设计基于Qt类QGraphicsView的子类进行遥感影像的显示。程序的主界面如图6-11所示。

窗体中央部件选用QGraphicsView类，可以方便地实现遥感影像的放大、缩小以及移动等操作。窗体的左边Widget用QTreeView显示遥感影像的波段信息，右边的Widget用QTableView展示包括影像格式、驱动、大小、波段数、投影方式以及影像分辨率等原始信息。

通过重写QGraphicsView类的QMousePressEvent事件，设置其DragMode为QGraphicsView::ScrollHandDrag，记录当前鼠标位置，然后重写QMouseMoveEvent事件，记录新的鼠标位置，根据移动的位移设置QGraphicsView类滑动条，从而实现图像的拖拽。

在做算法处理时，处理的是ROI区域源图像数据，而不是保存

图 6-11 程序主界面

在金字塔中的图像数据，因为源图像数据格式差异较大，而金字塔中的数据类型均为字节类型，处理完后，以处理完的数据为金字塔第一层，再进行金字塔的构建与保存。打开的文件显示如图 6-12 所示。

2. 重要函数接口及开发要点说明

(1)遥感模板影像的读取

在 GDAL 中读写图像是最基本的操作，GDAL 提供了两个基本的读写函数接口：GDALRasterBand::RasterIO 与 GDALDataset::RasterIO。这两个接口都可以读写影像数据，基本功能相似，本书主要介绍 GDALRasterBand::RasterIO 接口。该接口的原型为：

CPLErr GDALRasterBand::RasterIO(GDALRWFlag RWFlag, int nXOff, int nYOff, int nXSize, int nYSize, void * pData, int nBufXSize, int nBufYSize, GDALDataType eBufType, int nPixelSpace, int nLineSpace)

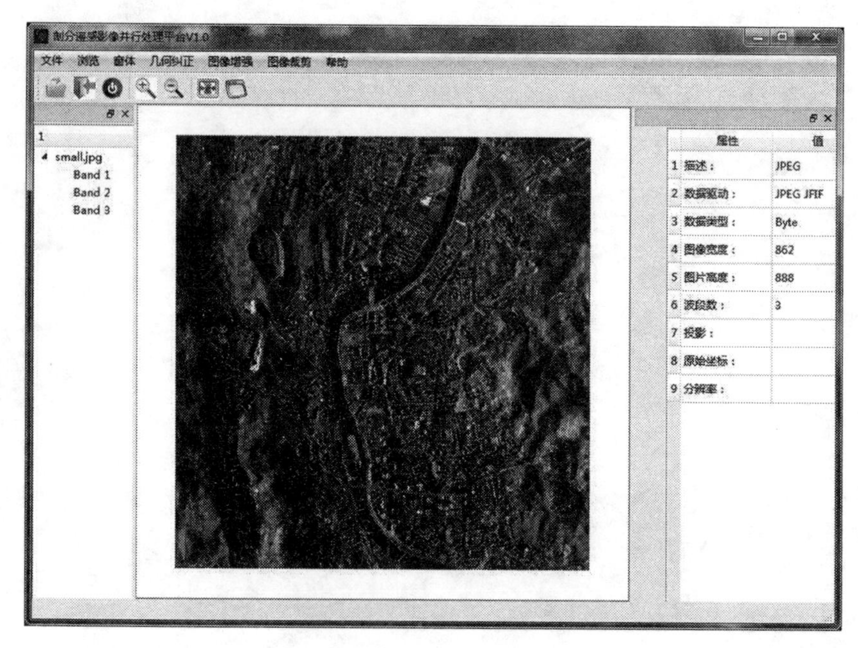

图 6-12　显示打开的文件

第一个参数 RWFlag 指定是读数据还是写入数据，其值只能有两个，即 GF_Read 和 GF_Write。第二个和第三个参数 nXOff，nYOff 表示读取或者写入图像数据的起始坐标；第四个和第五个参数 nXSize，nYSize 表示读取或者写入图像数据的窗口大小。这四个参数指明了读取或写入图像的窗口位置和大小。第六个参数 pData 是指向存储数据缓冲区的一个指针。第七个和第八个参数 nBufXSize 和 nBufYSize 参数指定缓冲区的大小。第九个参数指定 pData 的真实数据类型。最后的两个参数一般情况下是将 0 作为缺省值，用于控制存取的内存数据的排列顺序，即以 RGB…RGB…RGB 还是以 RRR…GGG…BBB…读入。

通过调用 GDALRasterBand::RasterIO 可以方便地读写遥感影像文件。根据实际应用情况，选择全部读取、分块读取。另外，该接口可用于读取缩放区域，即读取一个区域的数据，然后把这个区域进行放大或者缩小。在显示大图像时，就可以用这个方式来进行读取数据。

下面的就是读取遥感影像文件第三波段的从100行200列开始，到400行400列结束的一个矩形区域，按照0.5的缩放比例对区域进行缩放，所以原始图像的区域大小为200×300，缩放后就是100×150。代码如下：

```
//读取第三波段的数据
GDALRasterBand * pBand = poDataset->GetRasterBand(3);
//获取该波段的数据类型，如8U，16U等
GDALDataType dataType = pBand->GetRasterDataType();
//按照0.5的区域进行缩放，所以原始图像的区域大小为200×300，缩放后就是100×150
DT_8U * pBuf = newDT_8U[100 * 150];
pBand->RasterIO(GF_Read, 200, 100, 200, 300, pBuf, 100, 150, GDT_Byte, 0, 0);
delete[]  pBuf;
pBuf = NULL;
```

(2)遥感模板影像的保存

GDAL库不仅能读取和处理大部分的遥感图像数据，而且还能够实现图像处理后将数据保存为图像的功能。Create函数的功能为创建一个文件，创建成功就返回一个GDALDataSet类指针对象，然后再使用这个指针对象调用RasterIO向文件内写数据。Create函数的原型如下：

```
GDALDataset * GDALDriver::Create(const char * pszFilename, int nXSize, int nYSize, int nBands, GDALDataType eType, char * * papszOptions)
```

其中，参数二与参数三表示影像的宽度和高度，参数四为影像的波段数，参数五为数据类型，参数六为指定的控制参数列表。

下面的代码可实现图像的保存：

```
int bytesPerLine = (width * 24+31)/8; //字节对齐
unsigned char  * data = new unsigned char[bytesPerLine * height];
```

```
//图像处理……
GDALAllRegister();
GDALDriver * poDriver = GetGDALDriverManager()->GetDriverByName("Gtiff");
GDALDataset * OutputDataset = poDriver->Create(output_file_path, width, height, 3, GDT_Byte, NULL);
int panBandMap[3] = {1, 2, 3};
OutputDataset->RasterIO(GF_Write, 0, 0, width, height, data_show_, width, height, GDT_Byte, 3, panBandMap, 3, bytesPerLine, 1);
```

在保存时每行需要进行字节对齐，bytePerLine=(width * 24+31)/8 即每行的字节数为 8 的倍数。

(3)aux 格式金字塔的创建

在使用常见的遥感影像处理平台 Erdas 或 ArcGIS 打开栅格图像的时候，会创建一个后缀名为 rrd 的金字塔文件，用于快速显示图像。在使用 GDAL 开发常见的图像处理算法，打开图像文件时，为了加快显示速度，可以通过创建 rrd 格式的金字塔文件来实现。创建金字塔后，可以大大加快显示速度。

在 GDAL 中名为 gdaladdo 的工具，可以用于创建金字塔文件的，但是其默认创建后缀名为 ovr 的金字塔文件，该种格式的金字塔不能被 Erdas 或者 ArcGIS 使用。在创建的时候需要指定一个选项：USE_RRD=YES，使用该选项后，创建的金字塔格式为 aux 文件，但是该文件可以在 Erdas 或者 ArcGIS 系统中使用。

Erdas 的金字塔是按照 2 的次方来采样，金字塔顶层的大小应该是小于等于 64×64。gdaladdo 命令创建金字塔命令：

```
gdaladdo --config USE_RRD YES airphoto.img 2 4 8 16 …
```

最后的…表示采样级别，即一直到最顶层的像元个数小于等于 64×64 结束。

(4)图像的 ROI 裁剪

要实现图像的 ROI 裁剪，即选择图像中的某一区域，显示该区域的原图像。可以由下面三个步骤实现：

第一步：得到缩略图像。

生成原图缩略图的关键是确定缩小倍数。

缩小倍数根据显示控件和原图像的大小决定。假设显示区的宽和高相同，当原始图像宽度大于高度时，缩略图的宽带为显示区的宽，缩略图的高通过比例缩放得到；当原始图像宽带小于高度时，则缩略图的高为显示区的高，缩略图的宽通过比例缩放得到。通过缩略图的大小就可以得出缩小倍数。

然后通过 GDALRasterBand::RasterIO 接口缩小倍数读出缩略图所需数据。

第二步：重写 QEvent 中的鼠标事件，获取鼠标的坐标。

鼠标事件在基类中是虚函数，要捕获鼠标事件，必须重写相应的鼠标事件。Qt 中常见的鼠标事件如下：

```
virtual void mousePressEvent( QMouseEvent  * event);
virtual void mouseMoveEvent( QMouseEvent  * event);
virtual void mouseReleaseEvent( QMouseEvent  * event);
virtual void mouseDoubleClickEvent( QMouseEvent  * event)。
```

这里只需要处理 mousePressEvent（鼠标按下）和 mouseReleaseEvent(鼠标释放)事件。需要的坐标信息如下：菜单栏和工具栏的高度，缩略图显示区大小，缩略图大小，缩略图显示区左上角坐标，鼠标按下和释放时的坐标。

第三步：原图区域显示。

得到了鼠标在缩略图中的坐标位置，根据缩小倍数 zoom，即可以得到在源图像中的坐标位置，然后用 RasterIO 读取区域中的数据，显示图像使用了 QGraphicsView 框架，关键代码如下：

```
QImage  * img=new QImage(……); //构造 QImage 对象
QPixmap pixmap=QPixmap:: fromImage( * img);
QGraphicsScene  * scene=new QGraphicsScene;
QGraphicsPixmapItem  * pixmapItem=new QGraphicsPixmapItem;
pixmapItem=scene->addPixmap(pixmap);
ui. graphicsView->setScene(scene);
ui. graphicsView->show().
```

6.5 本章小结

本章在研究剖分面片数据模型的基础上，分析了剖分面片模板的空间关系，提出了剖分面片的计算模式，提出了在 OpenMP+MPI 混合框架下剖分面片模板的遥感影像并行处理方法，该方法总结了三种并行处理模型，设计并开发了遥感剖分模板处理算法的并行库。在此基础上，设计并实现了剖分遥感影像并行处理平台。该平台支持各种主流格式的遥感影像文件，具有遥感影像的动态显示、几何校正、图像增强、图像裁剪、直方图统计、灰度化、图像分割等功能。

对于规模化计算，并行化技术是加速处理的主要方法。然而，由于硬件及平台的差异，具体算法的并行性等，制约了并行处理算法的加速效果，并行计算环境的可扩展性也要求更加透明、扩展性更强的并行化技术。

第7章　遥感图像内容检索原型系统设计及实现

设计和实现分布式遥感图像内容检索数据库是已有和未来遥感图像数据有效组织和管理的需要。原型系统是提供整体测试相关算法性能的综合平台，系统所涉及的各项关键技术通过原型系统才能得到充分的体现和进一步完善，原型系统的设计和实现也是CBIR的一个关键技术。为了验证前面所做工作是否正确及有效，作者设计了一个基于Oracle的CBRSIR(Content-based Remote Sensing Image Retrieval)分布式数据库，并在此基础上实现了一个简单的海量遥感图像内容检索原型系统。

7.1　系统开发背景

遥感图像是评估自然灾害影响最快捷和最准确的数据，是及时对基础设施损坏情况进行评估、响应和救援实施的主要信息依据。国防安全也需要对某些热点地区监测并确定威胁级别以制订有效的计划，同时参照这些遥感图像数据的变化情况管理相应的响应矩阵，以保持针对性跟踪。Wang等人(2000)提出了多分辨率图像数据库的数据结构、高效空间索引等基本概念及原理，Zhu等人(2000)讨论了多用户空间数据库系统中的数据一致性问题，但是上述文献中实现的原型系统还远远不能商用化。

目前，已有数据库模型还不能很好地支持空间信息的存储与管理。基于文件系统的数据管理没有存储控制，不能为结构化的查询提供支撑，对于大规模的数据存储和管理而言，基于文件系统的方法是不适用的。基于关系数据库的数据管理用简单模式来表达复杂数据会丢失语义信息，并且无论是信息存储还是查询都需要进行复杂的转换；此外，不能提供对图像数据这类复杂数据类型的快速存取访问，因此效率较低。基于对象数据库的数据管理对图像数据组织会更直接、高效，在表示与查询空间数据上比关系数据库更有优势，然而商用对象数据库的技术发展并不是很成熟，特别是面对海量图像数据的大规模复杂查询能力还很欠缺。

海量遥感图像数据组织管理的超大规模特征主要体现在并发访问数多、实时处理数据超过 GB 级、场景数据(基础地理数据、应用业务数据)量超过 TB 级甚至 PB 级(汪国平，等，2010)。已有图像数据库不具备支持海量数据管理的能力。现存的图像数据库大多基于传统的关系数据库，结合图像数据的特点开发而来，一般都是集中式的单机模式，支持数据量最多为 TB 级，从架构和技术特性上决定了无法用来支持未来 PB 级影像数据库的管理、查询、分发和决策。

7.2　分布式 CBRSIR 数据库存储机理

7.2.1　遥感图像数据模型分析

遥感图像数据信息量要远大于一般的图像数据，由 CBIR 系统应用到 CBRSIR 系统应用，系统处理的单个对象信息含量显著增加，为达到特定应用目的所需要的数据量也显著增加成为海量数据集。对于栅格数据，常见的策略是“金字塔”和“均匀分块，边缘补零”，一般称为多尺度组织和分块组织，也就是为原始图像构建分辨率递减的金字塔结构和在每一级金字塔上对栅格数据进行分块。

(1)栅格数据

遥感数据的类型包括矢量数据和栅格数据。栅格数据，指用一个规则格网来描述与每一个格网单元位置相对应的空间实体特征的位置和取值，其在获取数据速度、数学模拟、地图叠合分析、空间分析等方面具有独到的优势。本书是希望通过数据库研究提升应用程序数据访问效率，因此在这里不再进一步讨论矢量数据。栅格数据的常见编码方法有直接栅格编码、压缩编码、游程编码、块式编码、四叉树编码等(邬伦，等，2004)。Oracle Spatial(Ravikanth，等，2009)使用 SDO_Georaster 数据类型以栅格格式存储空间数据，一个 SDO_Georaster 对象就是一个 N 维的单元矩阵，维数包括行、列及其他可选维，可选维可以是表示多波段或高光谱影像的波段，也可以是时间维。

(2)多分辨率图像金字塔

如果一组栅格对象，它们具有不同的分辨率和尺寸，且其分辨率和尺寸是一个等比数列，但是所表示的是同一个地域，那称它们是同一块地理区域的不同分辨率的图像。如果忽略不同分辨率下采样时丢弃像素所引起的误差，那么这些图像肯定表示相同的地理范围。这些图像就按照“自底向上”的策略，将原始的、分辨率最高的图像，经采样处理得到一组尺寸越来越小、分辨率越来越低的图像，就称为一个形成“金字塔”形图像序列，如图 7-1 所示。可以使用 SDO_GEOR. GeneratePyramid 过程来产生栅格对象的金字塔。

对于图像来说，尺寸与数据量成正比，尺寸越小、分辨率越低，图像数据量也越小。在传输时，无论是本地传输还是网络传输，数据量的大小决定了读取图像的时间。在一般 Web 应用中，查询窗口大小是固定的，客户端对图像的查询请求在绝大多数情况下都低于原始分辨率。那么在这种情况下，就可以将“塔顶”作为被查询库，然后再根据用户需求提供分辨率逐渐增加的“塔底”，从而实现按需索取。基于金字塔结构的典型应用就是在 Web 上浏览图像时的“放大”操作，由开始到结束，分辨率越来越高，图像中的细节也越来越丰富，而整个浏览的过程是平滑的。

(3)图像数据的分块(blocking or tiling)

所谓分块，是指将原始数据均匀地切割成一个个小矩形的过程。分块的主要目的是为了便于数据库存储和提高读取的效率。数据库中一般用二进制大对象(Binary Large Object，BLOB)字段进行图像的存储。BLOB 字段的实质是一个 Long Raw 字段，如果将整幅图像完整地作为一个 BLOB 字段来保存，那么即使提取其中很小一部分，也不得不读取整个字段值到内存中。而对于 CBRSIR 系统而言，其数据量是海量的，计算机存储体系决定物理内存必须使用磁盘缓冲，磁盘缓

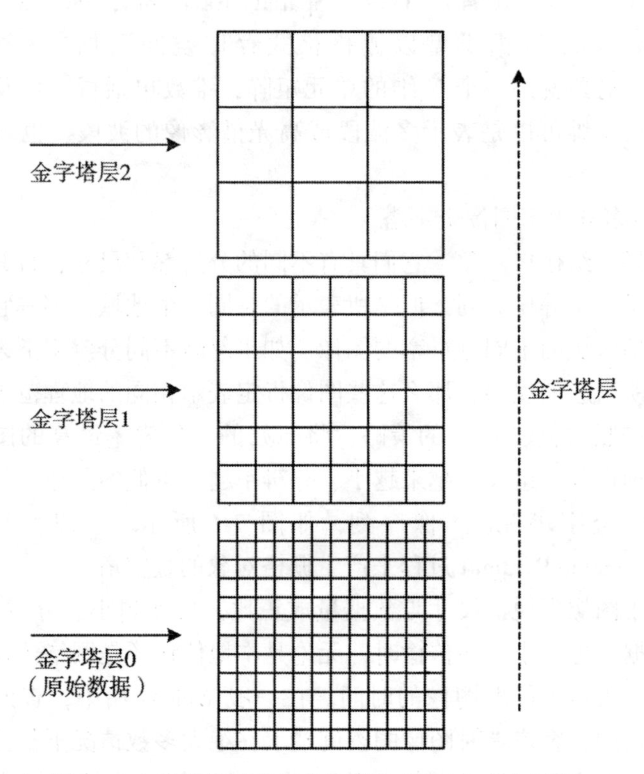

图 7-1　在不同分辨率上产生栅格对象(生成金字塔)

冲又会带来大量的磁盘 I/O 操作，从而产生漫长的等待时间。因此，将图像数据分块是入库前必需的处理过程。图 7-2 为单波段栅格对象分块存储示意图。

7.2.2　使用 Oracle 的栅格化空间数据存储

本书主要基于 Oracle 11g 针对 Oracle Spatial 和 GeoRaster 进行研究。

Oracle Spatial 隶属 Oracle 数据库核心功能模块，该模块的主要目的是使用户可以用标准 SQL 查询、管理空间数据，并支持用于存储矢量数据、栅格数据和持续拓扑数据的原生数据类型。同时，Oracle Spatial 将所有的空间数据类型(矢量、栅格、网格、影像、网络、拓

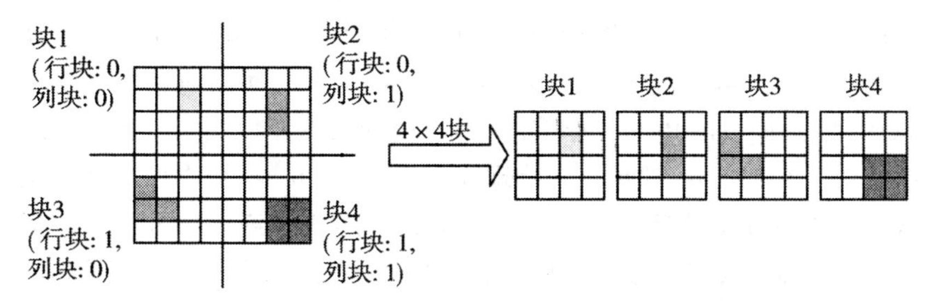

图 7-2 16×16 栅格对象用 4×4 块分块存储

扑)统一在单一、开放、基于标准的数据管理环境中，减少了管理单独、分离的专用系统的成本和复杂性。

GeoRaster(Oracle, 2007)是 Oracle Spatial 的一个组件，可以使用它来存储、查询、分析、索引网格化数据、栅格图像及其相关元数据。GeoRaster 提供了 Oracle 空间数据类型和对象关系模式，可以利用这些数据类型和模式对象来存储栅格图像和多维网格层数据，这些栅格图像和网格层数据可以对应到本地坐标系统或地球表面中去。GeoRaster 体系结构提供了支持在 Oracle 数据库中存储和使用图像或基于网格的栅格数据所需的功能。经过抽象概括，GeoRaster 体系结构提供了如下五个基本组件：

①GeoRaster 引擎：提供原生 GeoRaster 对象类型和 GeoRaster 功能，包括栅格数据和元数据索引编制、更新、查询和操作。

②SQL API：对 GeoRaster 数据库中栅格和基于网格的数据的标准 SQL 访问。

③C/C++/Java API：对 GeoRaster 中栅格和基于网格的数据的 Java、OCI(Oracle Call Interface)和 OCCI(Oracle C++ Call Interface)访问。

④查看工具：Oracle Fusion Middleware MapViewer 和多种第三方查看和分析工具支持 GeoRaster。

⑤输入输出(数据)适配器：加快常用图像文件格式和 GeoRaster 间栅格数据的加载和卸载，GeoRaster 通过服务器端 SQL API 和客户端 Java 工具提供多种标准图像文件格式的有限导入和导出功能。

GeoRaster数据库由许多GeoRaster表组成，在GeoRaster表中，如图7-3所示，每一个图像或栅格网格作为一个GeoRaster对象存储在一行中。它可以包含无限多的GeoRaster对象，每个对象的大小可以达到几TB。GeoRaster表可定义于不同的数据库模式中，还可以跨模式访问GeoRaster对象。在物理存储上，GeoRaster数据由两部分组成，一是多维像素矩阵，二是GeoRaster元数据。绝大部分的元数据都采用Oracle XML Type类型，以XML文档的形式存储。元数据的格式由GeoRaster元数据XML schema决定。

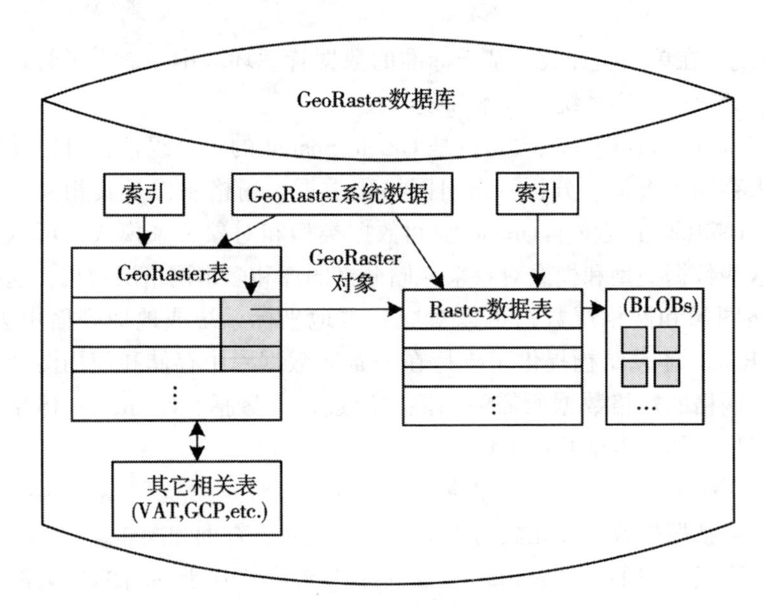

图7-3　GeoRaster数据表关系图

从概念上讲，GeoRaster是基于多维的、逻辑分层的和组件的。在逻辑上，它采用一个集成的栅格数据模型来处理栅格数据类型。栅格中的核心数据是一个多维的栅格单元矩阵，矩阵有一个单元深度，多个维，每个维有一个大小；每个单元是矩阵中的一个元素，它的值称为单元值；单元深度为每个单元值的数据大小，它适用于所有单元。这种核心的栅格数据集可以用于优化存储、检索和处理，可以进行分块，也可以同一种方式生成、存储和处理核心栅格数据的金字塔。

栅格数据按逻辑分层，核心数据包含一个或多个逻辑层(或子层)，称为对象层或0层。例如，对于多波段遥感图像，子层用于对图像的波段进行建模。在 GeoRaster 中，每一个子层都是一个二维单元矩阵，包含行维和列维。图 7-4 描述了 GeoRaster 数据模型中的逻辑层与源图像数据的物理波段的关系。

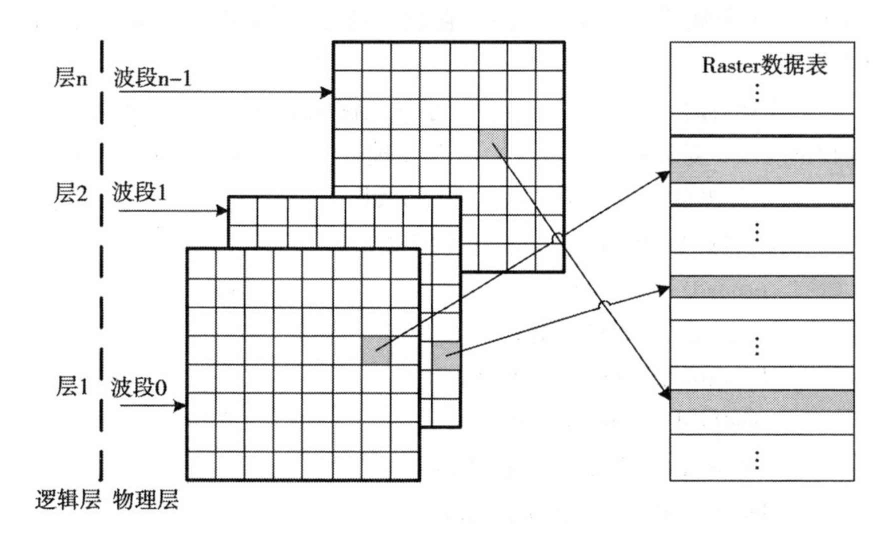

图 7-4　GeoRaster 栅格数据逻辑存储模式

物理上，GeoRaster 数据模型由 Oracle ORDBMS 中的两个原生数据类型和一个对象关系模式构成。在最高层级，一个栅格数据(图像或网格)作为 SDO_Georaster 数据类型的对象存储于 Oracle 中。SDO_Georaster 数据类型定义为：

```
CREATE TYPE sdo_georaster AS OBJECT (
    rasterType NUMBER,
    spatialExtent SDO_GEOMETRY,
    rasterDataTable VARCHAR2(32),
    rasterID NUMBER,
    metadata XMLType);
```

GeoRaster 元数据作为 SDO_Georaster 类型的元数据属性存储，它是使用 Oracle XMLType 数据类型的 XML 文档。GeoRaster 元数据按照定义的 GeoRaster 元数据 XML 模式存储，GeoRaster 对象的空间范围是元数据的一部分，作为 GeoRaster 对象的一个属性单独存储。这一方法允许 GeoRaster 利用空间几何类型和相关功能，如构建大型全球图像数据库和对 GeoRaster 对象建立空间 R 树索引。SDO_Georaster 类型的另一个属性是 RasterType，它包含维度信息和可扩展的数据类型。

实际的栅格单元数据被分为更小的数据块子集，以便实现大规模的 GeoRaster 对象存储、最优检索及处理。所有数据块存储于 SDO_Georaster 类型的对象表中，该类型定义如下：

```
CREATE TYPE sdo_raster AS OBJECT (
    rasterID NUMBER,
    pyramidLevel NUMBER,
    bandBlockNumber NUMBER,
    rowBlockNumber NUMBER,
    columnBlockNumber NUMBER,
    blockMBR SDO_GEOMETRY,
    rasterBlock BLOB);
```

该对象表称为栅格数据表或简称为 RDT 表(raster data table)。每个块均作为二进制大对象(BLOB)存储于 RDT 表中，并使用几何对象 SDO_GEOMETRY 类型定义块的精确范围。表的每行只存储一个块以及与该块相关的分块信息。

GeoRaster 对象的金字塔和位图掩码使用同一分块模式存储于 GeoRaster 对象的同一栅格数据表中，还可在位图掩码上生成金字塔，并将其以与 GeoRaster 对象的金字塔相同的方式存储。

图 7-5 所创建的 CITY_IMAGES 表是一个 GeoRaster 表，也是一个包含 SDO_Georaster 对象类型列的关系表。GeoRaster 表可以包含任意数量的其他列。

SDO_Georaster 对象类型的 RasterDataTable 和 rasterID 属性提供了

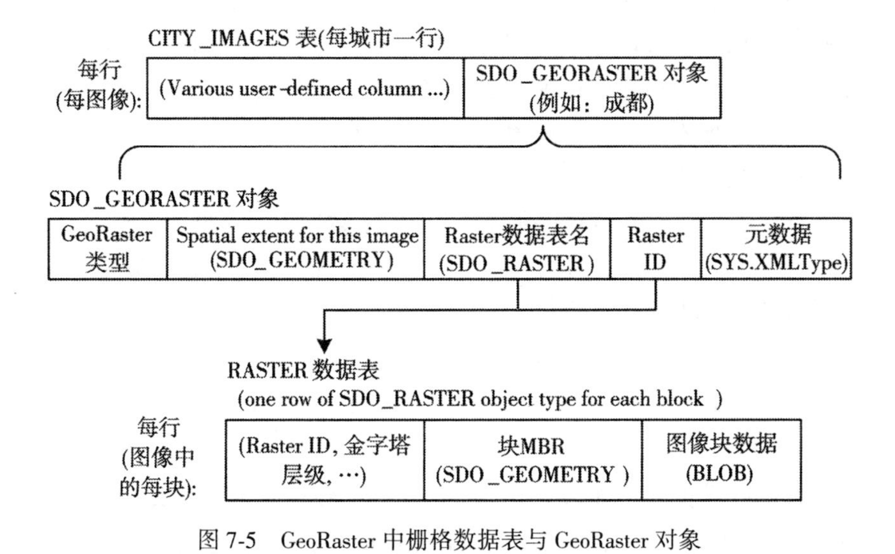

图 7-5 GeoRaster 中栅格数据表与 GeoRaster 对象

在其栅格数据表中存储和检索栅格单元数据所需的信息。在内部，GeoRaster 使用系统字典(GeoRaster sysdata 表)维护 GeoRaster 对象及其相关栅格数据表间的关系。即使存储于不同的 RDT 表中，GeoRaster 对象的栅格单元数据也将由 GeoRaster 函数自动处理。

GeoRaster 除提供便于管理 Oracle 数据库中栅格信息的逻辑模型和物理模型外，还提供了一系列丰富的基础函数。

7.2.3 构建基于 Oracle 的分布式数据库

分布式数据库是由存储在多台计算机上的一组数据库组成的单个逻辑数据库，分布式数据库中每一个数据库服务器合作地维护全局数据库的一致性。系统中每一台计算机称为一个节点，如果一个节点同时具有本地 DBMS，则该节点称为数据库服务器，处理对 Oracle 数据库的并发、共享数据存取，分布式处理是由多台处理机分担单个任务的处理。

(1)创建到另一个数据库的链接

如果要建立与远程数据联系的数据库链接，就必须为远程数据库指定数据库、用户账户和口令。该数据库链接存放在“本地”计算机的数据字典内，可以是私有或公共的，当使用时，链接被作为远程数据库的用户账户连接到指定的远程数据库，当操作完成，数据库链接退出远程数据库。如果在远程数据库上没有运行分布式组件，则无法进行远程数据修改，只能用于查询。

建立数据库链接的语法如下，其中 LinkName：数据库链接名称，username：用户账户，password：账户口令，connectstring：预先定义好的远程数据库的连接串。

```
CREATE [PUBLIC] DATABASE LINK LinkName
[CONNECT TO username IDENTIFIED by password]
[USING 'connectstring']
```

在同一数据库内如果要分别指向不同的数据库，则需要建立多个链接。Oracle 的数据字典视图 ALLDBLINKS 包含所有连接用户所创建的公共数据库链接和私有数据库链接，公共数据库链接可供所有用户使用，而私有数据库链接只允许链接所有者使用，字典内各字段描述见表 7-1。

表 7-1　**数据字典 ALLDBLINKS**

字段名	是否允许为空	数据类型
Owner	NO	Varchar2(30)
DBLink	NO	Varchar2(128)
Username	YES	Varchar2(30)
Host	YES	Varchar2(255)
Created	NO	Date

同时，还有一个数据字典视图 USERDBLINK，包含一个用户的全部私有数据库链接，字典内 USERDBLINK 字段描述见表 7-2。

表 7-2 **数据字典 USERDBLINK**

字段名	是否允许为空	数据类型
DBLink	NO	Varchar2(128)
Username	YES	Varchar2(30)
Password	YES	Varcha2(30)
Host	YES	Varchar2(255)
Created	NOl	Date

这两个字典都是可以接受用户查询的，对于维护整个系统的健壮性是有用的。如果用户名和密码为空，则说明该链接描述数据库所有者的相关信息。

(2)建立访问远程数据库的数据

建立数据库链接后，访问远程数据库数据的语法为：

SELECT col1, col2,...... FROM tablename@ dbLink

在该查询语句中，dbLink 为数据库链接，@ 表示该基表是指定存放在远程数据库中的基表。为了应对基表地址改变可能导致修改应用程序的情况，可以通过定义同义词来实现这一目标。在进行远程操作前，用户可以为远程数据库的表名或视图名等建立相应的同义词，在以后的远程访问中就可以通过同义词名来访问这些远程数据库的表或视图，即访问数据无须指明数据所在节点的名字以达到透明访问。

(3)使用快照提升性能

在分布式环境中的核心服务器上存储着某些公用的基表，虽然对远程数据库访问建立了数据链接，但在某些情况下访问性能会非常低，快照可以用来提高远程数据库访问性能。快照为远程数据库基表提供本地复制，内容包含远程基表的部分或全部数据，并能够自动被刷新。只有启用 Oracle 的分布式组件才能使用快照。建立快照的标准语法如下：

CREATE SNAPSHOT snapshotname

[STORAGE(STORAGE PARAMETERS)]

[TABLESPACE tablespacename]

[REFRESH [FAST/COMPLETE /FORCE]] as query

Oracle 提供的 DBMSsnapshot 包可以允许用户手工对快照进行刷新，调用 Refresh 的过程如下：

DBMSSnapshot. Refresh(snapshotname, refreshtype)

其中，refreshtype 为刷新类型(fast/complete/force)，若对所有快照进行刷新，可用过程：DBMSsnapshot. Refresh ALL。

(4)使用远程内嵌过程

有时应用程序需要多次对远程数据库的大量数据进行相同处理，那么可以使用在远程数据库上执行内嵌的过程或者函数，仅把执行结果返回本地应用程序，从而可以降低网络负担，改善远程数据操作的性能。通过使用远程内嵌过程，也可以使应用程序开发繁琐度降低，保证了开发人员对数据内容的透明性。建立一个存储过程的标准语法是：

```
CREATE or REPLACE PROCEDURE procedurename
    as (parameter list)
    BEGIN
    ……code block……
    END;
```

而调用语法为：procedurename @ DBLink.

7.3　原型系统体系结构设计

7.3.1　系统设计原则及总体架构

系统设计目标为实现一个遥感图像内容检索原型系统(CBRSIR)，该系统以 Oracle 为数据容器，以 Visual C++为开发环境，采用分布式计算架构实现。

(1)原型系统设计思想

在遵循 OpenGIS 规范的基础上，以尽可能提供对异构多数据源的统一透明访问方法为目标，本原型系统在设计过程中，主要设计思想体现在以下几个方面：

①企业级GIS解决方案：采用大型商业数据库Oracle来管理海量空间数据和元数据。

②可互操作的应用服务器：本原型系统最终建设目标是能够为图像数据服务提供统一的接口，无论用户采用何种方式访问存储在数据库中的数据，空间数据的存储位置和存储方式对于用户都是完全透明的。

③分布式数据访问的支持：随着网络技术的不断进步，无论是为了跨地域合作还是为了提升计算机硬件资源利用效率，分布式数据存储都是一个良好的解决方法，其具有数据物理分布性、逻辑整体性、分布透明性、冗余存储等优势。本原型系统在设计时利用了较成熟的分布式数据存储管理方案。

④面向对象的构件化管理：利用可重用性的组件或对象，重新构建新的应用程序能明显提高程序开发效率和改善程序质量(Du, Miao, 2009)。本原型系统在设计接口时，贯彻面向对象技术与构件思想，尽量减少底层数据对于中间构件的影响，保证系统各层次之间的结构清晰，层与层的耦合度小，提高组件的可重用性和二次开发。

(2)分布式原型系统体系结构设计

如图7-6所示，原型系统功能区块主要可分为三个区域：

服务区：为用户提供数据访问服务，如数据检索服务、集成检索服务、身份验证等，客户端不保存本地数据，所有数据均由服务器获得；

数据区：为用户提供数据存储服务，主要由多台数据服务器组成的分布式服务器集群；

控制区：为用户提供数据代理、数据备份、系统管理等功能，负责数据服务器之间的同步和协同、负载均衡、客户端认证和权限管理、访问热点统计管理等，可以有管理服务器、备份服务器、镜像服务器等。

为了提升系统数据访问效率，系统中还可以附加一个本地服务器，作为数据缓冲。

在逻辑层次上，原型系统可以分为四层，由下往上依次为：使用Oracle Spatial、GeoRaster的数据服务层提供数据存储；提供数据库访问接口、访问适配器的应用服务层；提供对多文件格式支持、查询检

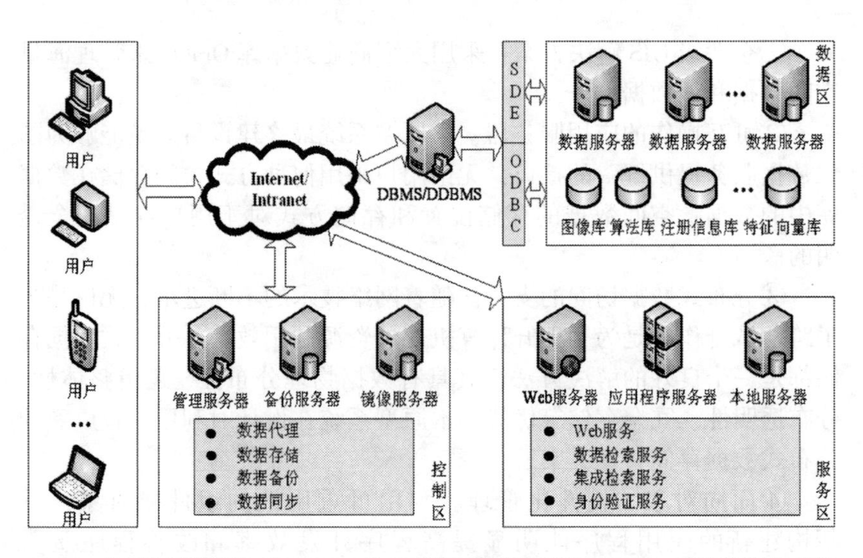

(SDE：空间数据库引擎；DDBMS：分布式数据库管理系统；ODBC：开放数据库互连)

图 7-6　原型系统体系结构

索服务的中间件层；体现多种客户应用的用户接口层。分布式数据库技术贯穿四层，如图 7-7 所示。

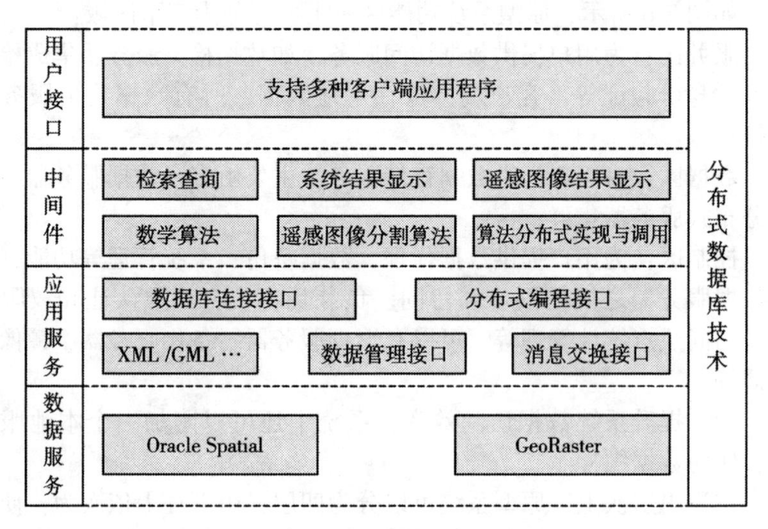

图 7-7　原型系统逻辑层次

7.3.2 基本数据库操作

表 7-3 至表 7-6 为原型系统的数据表结构。

表 7-3 **统一元数据视图定义**

字段名	数据类型	描述
Table_Name	Varchar2(32)	表名
Column_Name	Varchar2(1024)	字段名
Diminfo	Mdsys. sdo_dim_array	空间信息坐标范围
Srid	Number	空间坐标参考系

表 7-4 **MDsys. sdo_dim_array 数据类型说明**

字段名	数据类型	描述
Sdo_Dimname	Varchar2(64)	空间维名称
Sdo_LB	Number	最小边界矩形 MBR 的左下角坐标
Sdo_UB	Number	最小边界矩形 MBR 的右上角坐标
Sdo_Tolerance	Number	精度

表 7-5 **空间数据对象格式**

字段名	数据类型	描述
Sdo_Gtype	Number	几何对象类型
Sdo_Srid	Number	几何对象坐标系
Sdo_Point	Sdo_Point_Type	点对象
Sdo_Elem_Info	Sdo_Elem_info_Array	坐标对象，可变长度数组
Sdo_Ordinates	Sdo_Ordinate_Array	真实坐标，Number 数组

表 7-6　　**Sdo_Gtype 数值含义**

数　值	几何类型	描述
D000	未知类型	自定义
D001	点	包含一个点
D002	线	由直线或曲线段组成
D003	多边形	由一个多边形或是一个带面
D004	复合形状	点、线、多边形复合
D005	复合点	一点或多点复合
D006	复合线	一线或多线复合
D007	复合多边形	可以是外环，可以是不相交多个多边形
D008—D009	保留	

原型系统基于 OCCI 提供了对 BLOB 数据的读写，基于 OCCI 对表的查询、插入、删除和修改，基于 OCCI 对存储过程的调用，基于 OCCI 的对结果集流式访问，代码略。

7.3.3　对标准图形文件的支持

原型系统提供了对 WKT、WKB、GML、ESRI shapefile、KML 图形文件的支持，以 GML 文件支持为例，其余不再一一赘述。

GML 是基于 XML 语法规范的，是 XML 在地理空间信息领域的应用。GML 能够表示地理空间对象的空间数据和非空间属性数据。利用 GML 可以存储和发布各种特征的地理信息，并控制地理信息在 Web 浏览器中的显示。Oracle 使用 JGeometry 对象与其进行交互。

表 7-7　　**GML2 和 GML3 中读写 GML 函数**

版本	写 GML	读 GML
GML2	GML2. to_GMLGeometry( )	GML. fromNodeToGeometry( )
GML3	GML3. to_GML3Geometry( )	GML3g. fromNodeToGeometry( )

JGeometry 对象转换成 GML2.0 格式代码如下所示：

```
GML3 mygml=new GML3g();
String st = mygml.to_GMLGeometry(geom);
```

转换方法（GML.fromNode ToGeometry（）和 GML3g.fromNodeToGeometry()）不支持 GML 字符串直接作为输入，只是支持解析文档，所以将 GML 文件转换为 JGeometry 对象时必须首先对 GML 字符串进行解析。下面的代码使用了常见的 XML 解析方法 DOM(Document Object Module)：

```
GML3 mygml = new GML3g();
String st = ds.readLine();
DOMParser parser = new DOMParser();
parser.parse(new StringReader(st));
Document document = parser.getDocument();
Node node = document.getDocumentElement();
geom = mygml.fromNodeToGeometry(node);
```

7.4 原型系统实现

检索引擎的设计与实现可分为检索接口和检索处理两部分，采用中间件机制实现。

7.4.1 检索接口

目前，遥感图像内容检索系统主要有以下四种检索方式：

①关键词检索。最常见、方便的检索方式，使用元数据中的某些信息进行检索。这些信息包括：成像时间、传感器类型、空间分辨率、地理位置、波段参数、空间参考等。

②实例检索。当用户无法提供检索关键词时，通过提供一定的已知图像区块，供用户参考，进而返回相似度较高的记录。特征信息的详细与否决定了这种检索的效率。

③描绘示例检索。检索用户可以粗略地描绘出某一个形状的轮廓，然后针对这一轮廓在数据库中检索相近的记录，本原型没有进行

实现。

④浏览检索。陈列数据库中图像，供用户自行浏览选择。

本原型系统实现了关键词检索、实例检索和浏览检索，其交互式检索接口设计如图 7-8 所示。

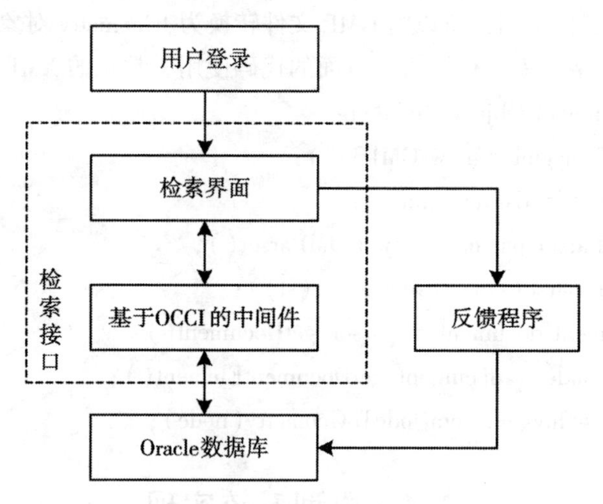

图 7-8　交互式检索接口设计

7.4.2　检索处理

检索处理主要解决两方面的问题，一是用户检索请求的表达，二是能够利用用户表达构造适当的检索条件，完成图像检索。其主要包含两个模块，检索请求分析功能部件和检索匹配算法。同时在用户进行检索时，应当完成简单的检索数据统计，并利用用户检索的反馈结果来进行训练，以提高检索效率和精度。

原型系统检索处理流程如图 7-9 所示。

7.4.3　检索算法

本书中原型系统检索引擎选用了简化条件的 *K*-Means 聚类算法来实现图像的检索。

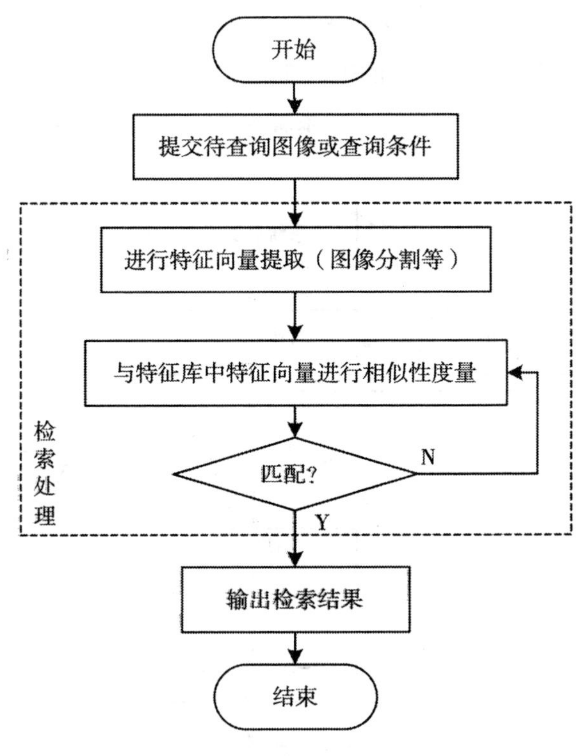

图 7-9 检索处理流程图

(1)算法主要思想

设 N 为遥感图像库中子图像的尺寸数目，K 为分类数目，则 K-Means 聚类算法主要思想如下：

Step 1：目测选择；

Step 2：计算不同分类模板子图像特征均值作为聚类中心；

Step 3：将数据库中图像特征值域聚类中心进行匹配，然后进行分类；

Step 4：根据用户提交的图像，检索并计算特征的相似度距离，返回结果。

之所以说是简化的 K-Means 聚类算法，是因为在原型系统的遥感图像库中实际子图像尺寸只有一种，即 $N=1$，分类数目也为定值 3，即 $K=3$，并且各分类中有若干图像。

(2)原型系统检索实现的工作流程

使用简化 K-Means 算法原型系统检索流程如图 7-10 所示。

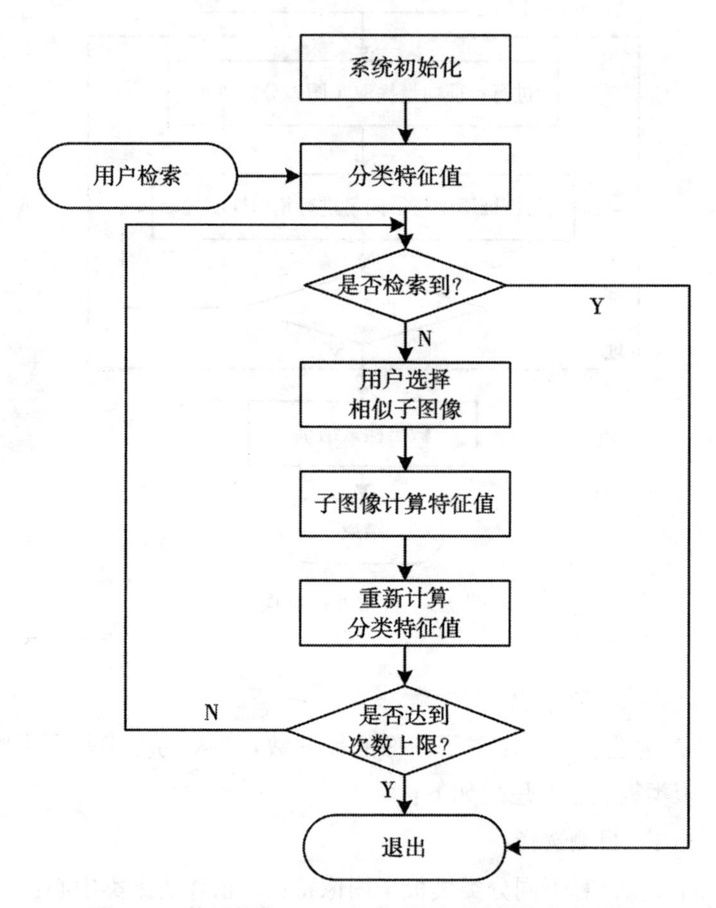

图 7-10　使用简化 K-Means 算法原型系统检索流程图

Step. 1：系统初始化，计算各类别特征中心；

Step. 2：用户提出检索，返回一定检索结果；

Step. 3：根据反馈的用户检索信息，计算数据库各子图像特征；

Step. 4：子图像再次划分类别；

Step. 5：重新计算各分类中聚类中心；

Step. 6：如果达到一定查询次数，退出程序，否则返回第二步，用户可进一步选择。

7.4.4 系统实现

综合前面章节的研究成果，作者组织实现了一定规模的数据库，使用 Visual C++语言，Oracle 作为数据容器，基于 OCCI 接口开发了小型遥感图像内容检索原型系统，并包含了一个简单的搜索引擎。

利用用户名和密码完成与数据库的链接，基本数据库信息已固定，无需选择，用户登录界面如图 7-11 所示。

原型系统主要包含三方面功能：特征提取、图像分割和图像检索。其中，特征提取功能主要基于颜色、形状、纹理和综合多特征的，分别借鉴和采用前人已经开发成功的算法，不作为本书研究的重点，此处不再展示。

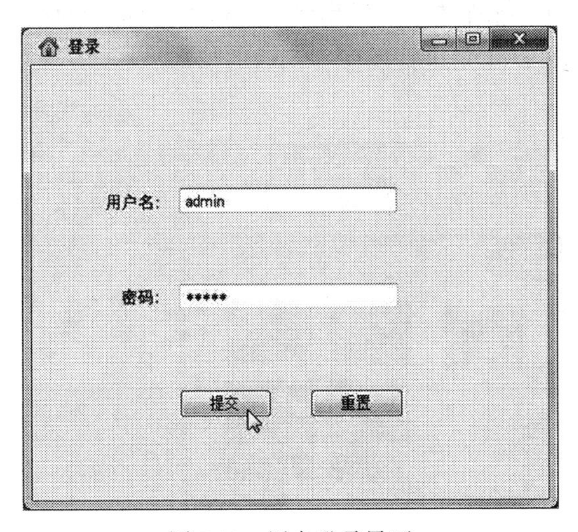

图 7-11　用户登录界面

图像分割菜单提供了 4 个选择，经典的 *K*-Means 分割算法和

ISODATA 分割算法以及本书提出的结合进化聚类和模糊 C 均值聚类的遥感图像分割方法(EC-FCM)、基于改进 FCM 算法的遥感图像序列分割方法(SSM)，界面如图 7-12 所示。

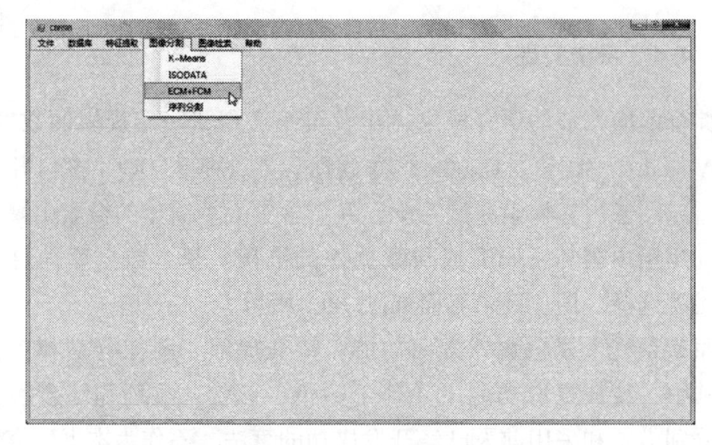

图 7-12　图像分割菜单

选择其中一种算法后，会出现选择待分割图像对话框，界面如图 7-13 所示，图 7-14 是进行图像分割后的情形。

图 7-13　选择待分割图像

在图像检索部分，本研究实现了基于关键字的检索和实例检索两个模块，浏览相对简单，不作陈述。检索菜单如图 7-15 所示。关键字检索主要提供成像日期、分辨率、传感器类型、坐标系等可选条件，如图 7-16 所示。

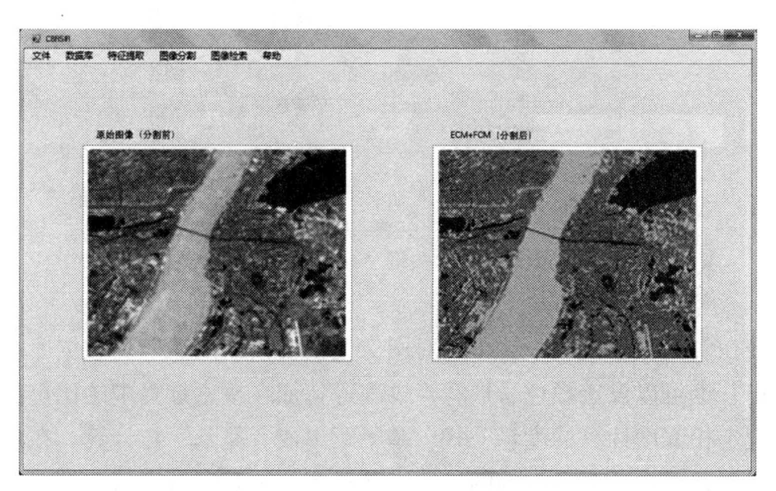

图 7-14　EC-FCM 算法分割效果

图 7-15　检索菜单

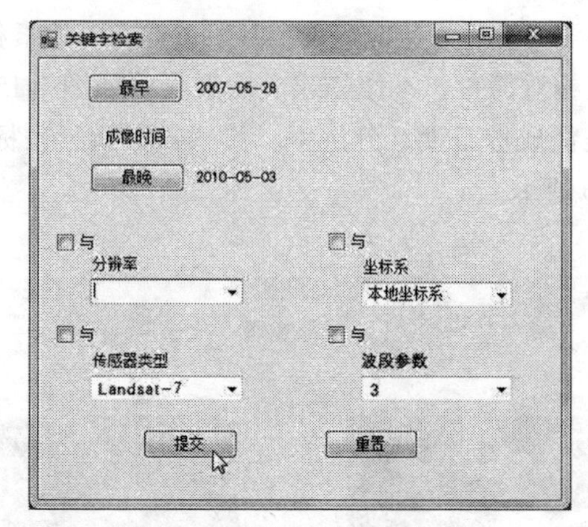

图 7-16　“关键字检索”对话框

在实例检索模块中，可以对图像类型模板或图像所属数据库进行选择，也可以设定颜色、形状、纹理等特征在检索计算中的比重，可以设定相似度计算的度量公式，基于距离或者是基于粒计算。在检索结果中，用户认为命中的图像，点选该图像下复选框，可以多选，反馈结果仅统计某模板与某图像的命中次数。在本模块当中，对不同的查询条件设置了相应的带有参数的存储过程以及适当的块表。检索开始与检索结果界面分别如图 7-17 和图 7-18 所示。

图 7-17　检索开始

如果有符合查询要求的结果项，点击反馈结果按钮，将会有信息反馈入数据库，如图 7-19 所示。此处设计相对简单，仅仅用来统计某图像与相应模板的命中次数。

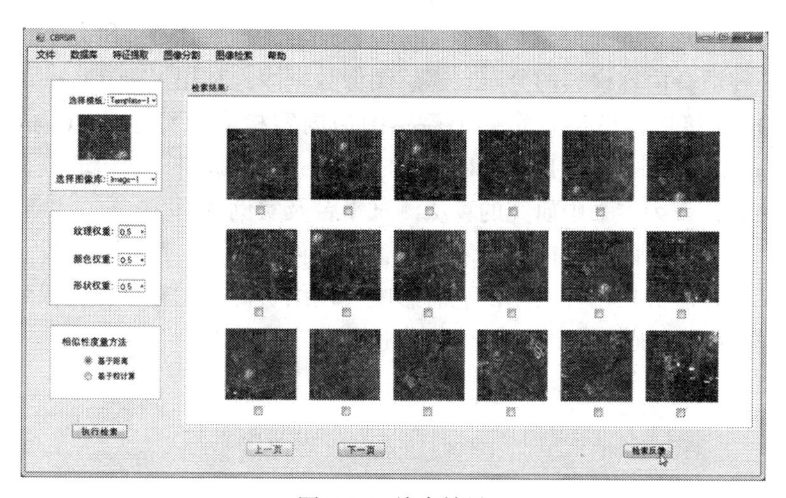

图 7-18　检索结果

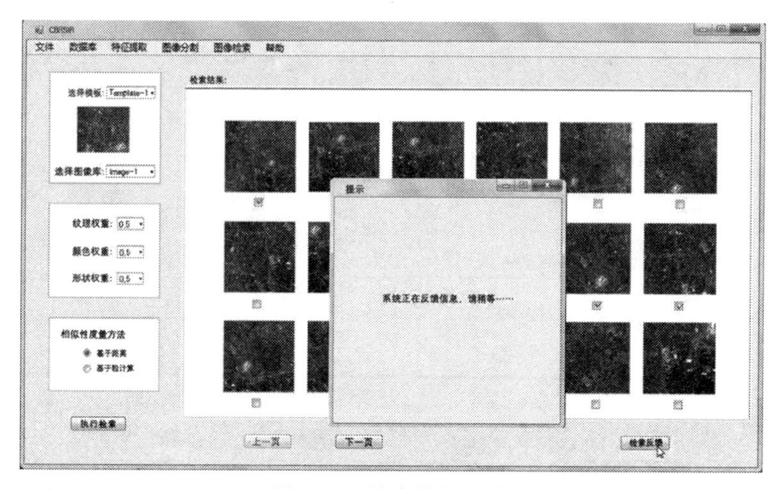

图 7-19　检索结果反馈

7.5　本章小结

本章在对遥感图像数据模型、大型数据库 Oracle 的研究基础上，基于前面几章的研究成果以及 Oracle Spatial 和 GeoRaster 研究，设计了一种适合内容检索的分布式遥感图像数据库；利用 Visual C++语言和 OCCI 接口，设计并实现了遥感图像内容检索原型系统（Content-based Remote Sensing Image Retrieval，CBRSIR），提供了一定的查询检索功能，作为本书中研究的算法测试平台及实例证明。

经过实际的数据库与引擎运作，在硬件资源上，系统效率受到数据库所在服务器内存大小的显著影响，网络资源占用较小，在保障检索成功率提升的基础上，检索性能也有一定的提升。

第8章　结语与展望

8.1　全书总结

空间数据检索及快速处理技术是遥感图像处理、人工智能、计算机视觉、模式识别、并行计算、空间数据组织等领域相结合的交叉前沿课题，对于如何快速从海量遥感图像数据中获取有效空间信息，提高遥感图像分析识别的精度和效率具有十分重要的理论意义和实用价值，也是目前空间信息技术应用中亟待解决的问题之一。

本著作在相关研究课题的资助下，针对空间数据检索及快速处理所涉及的部分关键技术展开讨论，对其中一些重要部分开展了深入细致的探索和研究，提出了一些创新性方法及技术路线，并通过实验或原型系统实现进行了充分的验证，本研究具有一定的挑战性和前沿性，是对目前空间数据检索及快速处理研究工作的丰富和发展。

研究成果主要体现在：

①研究和分析了海量空间数据检索及快速处理所涉及的部分关键技术，主要内容包括：空间数据的组织与管理、网络服务模式、图像视觉特征描述与提取、相似性度量技术、相关反馈机制以及检索算法的性能评价等，并指出了目前研究工作所面临的困难和存在的问题。

②针对模糊C均值算法无法很好地确定聚类的类数和各个初始聚类中心，还存在如距离测度稳健性差、未考虑图像局部相关特性等问题，将进化聚类思想和FCM算法相结合，提出了一种结合进化聚类和模糊C均值聚类的遥感图像分割方法。利用进化聚类算法产生FCM算法的初始聚类中心，并对聚类中心进行优化，完成模糊聚类划分，通过去模糊化转换为确定性分类，实现聚类分割，使其满足各

类中元素具有较高的相似度。

③提出了一种基于改进 FCM 聚类的遥感图像序列分割方法。颜色空间选用相关性更低的 HSI 空间，采用更适合遥感图像的基于标准协方差矩阵的 Mahalanobis 距离公式，利用 ECM 解决 FCM 的初始化中心选择问题，利用对 S 分量的分割把图像分为两部分，分别用 H、I 分量对此两部分进行 FCM 分割，最后得到分割结果。编程实验结果表明该方法同 FCM 相比能以较少的迭代次数收敛到全局最优解，具有较好的分割效果。

④基于粒计算理论，提出了一种图像区域相似性度量方法。将图像特征信息表转化为有序矩阵形式，通过对有序矩阵进行深入研究，引入了“特征粒”、“λ 阶粒库”的概念，从不同的粒度层次来分析图像特征的重要性，保持了图像特征信息表中区域间的序关系，并基于粒计算理论给出了图像特征的权值，从而实现图像区域相似性度量。实例表明，该方法能客观地度量图像区域间的相似性，为遥感图像相似性度量研究提供了一种新的思路和方法，有助于遥感图像内容检索技术的进一步发展与提高。

⑤目前，空间数据的解译和利用面临着高效组织、有序存储、合理的编程模型等难题。在地球剖分理论和 EMD 剖分模型的研究基础上，提出了一种基于遥感影像剖分面片模板的计算模式，设计了模板的概念模型及数据模型，通过一个小型化剖分模板数据库和具体应用实例对上述设计进行了部分验证，该应用成果能有效提高海量空间信息的智能发现和更新，减少海量数据的重复处理，提高空间数据的利用效率，具有一定的示范意义，进而为研究遥感影像高性能处理提供借鉴。

⑥目前，空间数据尤其是海量遥感图像数据存在组织效率瓶颈和快捷应用难题，如查询检索速度慢、存取速度慢、整合应用慢。针对该问题，结合面向客户端聚合服务的 G/S 模式架构，在地球剖分组织理论的支持下，提出了一种在 G/S 模式下的空间剖分数据存储调度服务模型，给出了剖分数据网络服务协议体系架构、数据访问流程，设计了剖分数据存储调度服务模型的地址编码结构及地址解析过程，形成了一种有效的“数据分散存储，客户端信息汇聚”的空间剖

分数据组织管理、按需整合、快捷调度机制。原型测试部分验证了该模型能有效提高组织效率和快捷应用能力，对于开发遥感图像内容检索系统具有一定的理论意义和应用价值。

⑦在研究剖分面片数据模型的基础上，分析了剖分面片模板的空间关系，提出了剖分面片的计算模式，设计了在 OpenMP+MPI 混合框架下剖分面片模板的遥感影像并行处理方法，该方法总结了三种并行处理模型，设计并开发遥感剖分模板处理算法的并行库。在此基础上，设计并实现了剖分遥感影像并行处理平台。

⑧研究遥感图像数据模型、大型数据库 Oracle，基于 Oracle Spatial 和 GeoRaster，设计适合内容检索的分布式遥感图像数据库；利用 Visual C++语言和 OCCI 接口，设计实现遥感图像内容检索原型系统(CBRSIR)，提供一定的查询检索功能，作为本书研究的算法测试平台及实例证明。运行结果表明，网络资源占用较小，系统效率受数据库所在服务器内存大小影响，在保障检索成功率的基础上，检索性能有一定的提升。

8.2 研究展望

遥感图像内容检索是一项复杂的系统工程，本书仅仅对其中的部分关键技术作了研究，虽然取得了一点成果，但由于水平和时间的限制，距离实际的应用还有一段很长的道路，仍有很多工作值得进一步研究。

需要进一步完善和深入的工作包括：

①本研究提出了一些算法和模型，对一些基础性理论进行了探索性研究，但研究精力主要集中在理论推导与探索上，涉及具体应用较少。虽然有一些测试和对比实验，但距离实际应用还相差很远。因此，进一步工作应结合一些具体应用环境对算法进行测试和改进，特别是如果能将研究成果应用到实际的 CBRSIR 系统管理中，将有重大意义和商业价值。

②图像分割是一个相对有难度的研究课题，尤其是对海量的遥感图像分割而言，遥感图像具有灰度级多、信息量大、边界模糊、目标

结构复杂等特性，所以寻求更加合理的遥感图像分割方法仍然是下一步需要研究的课题。

③基于粒计算的相似性度量方面，结合遥感图像本身特点，寻求最优的粒化标准，高效地实现复杂遥感图像信息的粒化，基于粒计算理论分析遥感图像特征与信息粒，探索更有效的符合人类感知的基于语义的遥感图像相似性度量方法有待于进一步深入研究；在多粒度空间下研究信息系统中的三支决策理论，提出有效的基于三支决策的属性约简算法，提高决策的准确性，实现动态的图像相似性度量，设计完备的图像检索系统还需要进一步的研究。

④针对“数据分散存储、客户端信息汇聚”的客户端聚合服务，进一步研究客户端对分散存储数据感知的解决办法；同时，对地球剖分理论体系研究还不够完善，对空间数据的编码和索引等机制缺乏深入研究，针对异构和并发服务的大规模空间数据存储所面临的高效性、安全性、可靠性、低能耗等理论都是下一步要深入研究的方面。

⑤针对遥感影像剖分面片模板的计算模式、数据模型、剖分模板数据库研究成果对于加快空间信息可视化表达与分析、目标探测、识别以及决策反应速度，缩短空间信息应用准备时间，具有一定的示范意义。但如何构建一个大型完整的应用系统并完善和拓展其应用领域，仍待作进一步深入的研究。

⑥设计开发的剖分遥感影像并行处理平台能够支持各种主流格式的遥感影像文件，具有遥感影像的动态显示、几何校正、图像增强、图像裁剪、直方图统计、灰度化、图像分割等功能。由于硬件及平台的差异，具体算法的并行性等，制约了并行处理算法的加速效果，并行计算环境的可扩展性也要求更加透明、扩展性更强的并行化技术。

⑦本书最终实现了一个遥感图像内容检索原型系统，但是在问题规模上相对有限，要进一步验证数据库和原型系统在超大规模任务调度情况下的检索效率；同时进一步对 OCCI 进行封装或改进，为数据在客户端聚合数据调度提供远程支持；给予不同权限用户以不同粒度的检索结果等。

参考文献

[1] Aly Ramy E, Bayoumi Magdy A. High-Speed and Low-Power IP for Embedded Block Coding with Optimized Truncation (EBCOT) Sub-Block in JPEG2000 System Implementation[J]. The Journal of VLSI Signal Processing, 2006, 42(2): 139-148.

[2] Amine Aït Younes, Isis Truck, Herman Akdag. Image Retrieval using Fuzzy Representation of Colors [J]. Soft Computing - A Fusion of Foundations, Methodologies and Applications, 2007, 11 (3): 287-298.

[3] Aoki K, Nagahashi H. Bayesian Image Segmentation Using MRF's Combined with Hierarchical Prior Models [C]. Lecture Notes in Computer Science, Image Analysis, 2005(3540): 65-74.

[4] Bach J R, Fuller C, Gupta A, et al. The Virage image search engine: An open framework for image management [C]. Proc. of SPIE: Conference on Storage and Retrieval for Image and Video Databases, 1996(2670): 76-87.

[5] Batard T, Saint-Jean C, Berthier M, et al. M.: A Metric Approach to nD Images Edge Detection with Clifford Algebras [J]. Journal of Mathematical Imaging & Vision, 2009, 33(3): 293-312.

[6] Belozerskii L. A, Oreshkina L. V. Estimation of the informative content of histograms of satellite images in the recognition of changes in local objects[J]. Pattern Recognition and Image Analysis, 2010, 20 (1): 65-72.

[7] Berget I, Mevik B H, Naes T. New modifications and applications of fuzzy C-means methodology [J]. Computational Statistics & Data

Analysis, 2008, 52(5): 2403-2418.

[8] Berke J. Using Spectral Fractal Dimension in Image Classification[C]. Innovations and Advances in Computer Sciences and Engineering, 2010, pp. 237-241.

[9] Bezdek J C, Ehrlich R, Full W. FCM: the fuzzy c-means clustering algorithm [J]. Computers and Geosciences, 1984, 10 (2-3): 191-203.

[10] BjΦrke J T, John K G, Morten H, et al. Examination of a constant-area quadrilateral grid in representation of global digital elevation models[J]. International Journal of Geographic Information Science, 2004, 18(7): 653-664.

[11] Brito F. Cloud computing in ground segments: Earth observation processing campaigns[C]. Ground System Architectures Workshop (GSAW), Workshop on Data Center Migration for Ground Systems: Geospatial Clouds, 2010, Mar. 3.

[12] Cao Kui, Feng Yucai. Integrating color and spatial feature for content-based image retrieval [J]. Wuhan University Journal of Natural Sciences, 2002, 7(3): 290-296.

[13] Çapar Abdulkerim, Kurt Binnur, Gökmen Muhittin. Gradient-based shape descriptors[J]. Machine Vision and Applications, 2009, 20 (6): 365-378.

[14] Casciola G, Montefusco L. B, Morigi S. Edge-driven Image Interpolation using Adaptive Anisotropic Radial Basis Functions[J]. Journal of Mathematical Imaging and Vision, 2010, 36 (2): 125-139.

[15] Chakraborty D, Sen G K, Hazra S. High-resolution satellite image segmentation using Hölder exponents[J]. Journal of Earth System Science, 2009, 118(5): 609-617.

[16] Chang C C, Lu T C. A Color-Based Image Retrieval Method Using Color Distribution and Common Bitmap [J]. Lecture Notes in Computer Science, Information Retrieval Technology, 2005(3689):

56-71.

[17] Chang D X, Zhang X D, Zheng C W. A genetic algorithm with gene rearrangement for K-means clustering [J]. Pattern Recognition, 2009, 42(7): 1210-1222.

[18] Chen Y F, Tsai M H, Cheng C C, et al. Perimeter Intercepted Length and Color *t*-Value as Features for Nature-Image Retrieval[J]. Lecture Notes in Computer Science, New Trends in Applied Artificial Intelligence, 2007(4570): 185-194.

[19] Cheng H D, Jiang X H, Sun Y, et al. Color image segmentation: advances and prospects[J]. Pattern Recognition, 2001, 34(12): 2259-2281.

[20] Christophe E, Mailhes C, Duhamel P. Hyperspectral image compression: adapting SPIHT and EZW to anisotropic 3-D wavelet coding[J]. IEEE Transactions on Image Processing, 2008, 17(12): 2334-2346.

[21] Cinque L, Foresti G, Lombardi L. A clustering fuzzy approach for image segmentation [J]. Pattern Recognition, 2004, 37(9): 1797-1807.

[22] Ciocca G, Schettini R, Cinque L. Image Indexing and Retrieval Using Spatial Chromatic Histograms and Signatures [C]. First European Conference on Color in Graphics, Imaging and Vision (CGIV), 2002, pp. 255-258.

[23] Dong G, Xie M. Color clustering and learning for image segmentation based on neural network[J]. IEEE Transactions on Neural Networks, 2005, 16(4): 925-936.

[24] Du G Y, Miao F, Guo X R. A novel network service mode of spatial information and its prototype system [J]. Advanced Materials Research, 2010a(108-111): 319-323.

[25] Du G Y, Miao F, Tian S L, et al. Remote Sensing Image Sequence Segmentation Based on the Modified Fuzzy C-means[J]. Journal of Software, 2010b, 5(1): 28-35.

[26] Du G, Miao F. Implementation of Language Interpreter based on Reusable Components [C]. International Conference on Education Technology and Computer, 2009, pp. 53-55.

[27] Dutton G H. A hierarchical coordinate system for geoprocessing and cartography[J]. Lecture Notes in Earth Science. Berlin: Springer-Verlag, 1999(79).

[28] Dutton G. Modeling locational uncertainty via hierarchical tessellation [C]. Accuracy of spatial database, 1989, 125-140.

[29] Dutton G. Polyhedral hierachical tessellations: the shape of GIS to come[J]. Geographical Information Systems, 1991, 1(3): 49-55.

[30] Dutton G. Encoding geospatial data with hierarchical triangular meshes[C]. Proceedings of 7th international symposium of spatial data handling, 1996, 34-43.

[31] Edoardo Ardizzone, Roberto Pirrone, Orazio Gambino. Fuzzy C-Means Segmentation on Brain MR Slices Corrupted by RF-Inhomogeneity[C]. Lecture Notes in Computer Science, Applications of Fuzzy Sets Theory, 2007(4578): 378-384.

[32] Fan S. Shape Representation and Retrieval usingDistance Histograms [R]. Technical Report-University of Alberta, Canada. 2001.

[33] Feng D C, Yang Z X, Qiao X J. Texture Image Segmentation Based on Improved Wavelet Neural Network[C]. Lecture Notes in Computer Science, Advances in Neural Networks, 2007(4493): 869-876.

[34] Flickner M, Sawhney H, Niblack W, et al. Query by Image and Video Content: The QBIC System[J]. IEEE Computer, 1995, 28 (9): 23-32.

[35] Flores-Tapia D, Thomas G, Mccurdy B, et al. Brain MRI Segmentation Based on the Rényi's Fractal Dimension[J]. Lecture Notes in Computer Science, Image Analysis and Recognition, 2009 (5627): 737-748.

[36] Gashnikov M. V, Chernov A. V, Chupshev N. V. Color correction of vehicle images during the sequential registration of color channels

[J]. Pattern Recognition and Image Analysis, 2009, 19(1): 106-108.

[37] Giorgi D, Frosini P, Spagnuolo M, et al. 3D relevance feedback via multilevel relevance judgements[J]. The Visual Computer, 2010, 26(10): 1321-1338.

[38] González C, Resano J, Mozos D, et al. FPGA Implementation of the Pixel Purity Index Algorithm for Remotely Sensed Hyperspectral Image Analysis. [J]. Journal on Advances in Signal Processing, 2010(1): 1-13.

[39] Goodchild M F, Yang S. A hierarchical spatial data structure for global geographic information systems[J]. Computer vision Graphical Models & Image Processing, 1992, 54(92): 31-44.

[40] Goodchild M F. Discrete global grids for digital earth [C]. Proceedings of 1st International Conference on Discrete Global Grids, Santa Barbara, California, USA. 2000.

[41] Govett M, Middlecoff J, Henderson T. Running the NIM next-generation weather model on GPUs [C]. Cluster, Cloud and Grid Computing. 2010(1): 792-796.

[42] Guo W, Zhu X, Hu T, et al. A Multi-granularity Parallel Model for Unified Remote Sensing Image Processing WebServices [J]. Transactions in GIS, 2012, 16(6): 845-866.

[43] Guo X R, Miao F, Wang H J, et al. Initial Discussion on the Architecture of a New Spatial Information Network Service Model Based on the Digital Earth [C]. Proceedings of IEEE International Conference on Environmental Science and Information Application Technology, 2009(3): 406-410.

[44] Guo Yanhui, Cheng H D, Zhang Yingtao, et al. A new neutrosophic approach to image denoising [C]. Proceedings of the 11th Joint Conference on Information Sciences, Published by Atlantis Press, 2008, pp. 1-6.

[45] Hafiane A, Zavidovique B. FCM with spatial and multiresolution

constraints for image segmentation[J]. Lecture Notes in Computer Science, 2005, 3656(10): 17-23.

[46] Han J, Ma K K. Fuzzy color histogram and its use in color image retrieval[J]. IEEE Transactions on Image Processing, 2002, 11(8): 944-952.

[47] Hanmandlu M, Agarwal S, Das A. A Comparative Study of Different Texture Segmentation Techniques[C]. Lecture Notes in Computer Science, Pattern Recognition and Machine Intelligence, 2005(3776): 477-480.

[48] He Z, Chung A C S. 3-D B-spline Wavelet-Based Local Standard Deviation (BWLSD): Its Application to Edge Detection and Vascular Segmentation in02Magnetic Resonance Angiography[J]. International Journal of Computer Vision, 2010, 87(3): 235-265.

[49] Hirota H, Pedry W. Fuzzy relational compression[J]. IEEE Transactions on Systems, Man, and Cybernetics, 1999, 29(3): 407-415.

[50] Hoi S C H, Lyu M R, Jin R. A Unified Log-Based Relevance Feedback Scheme for Image Retrieval[J]. IEEE Transactions on Knowledge and Data Engineering, 2006, 18(4): 509-524.

[51] Huang B, Mielikainen J, Oh H, et al. Development Of A Gpu-Based High-Performance Radiative Transfer Model For The Infrared Atmospheric Sounding Interferometer (Iasi)[J]. Journal of Computational Physics, 2011, 230(6): 2207-2221.

[52] Huang H, Zang Y, Li C F. Example-based painting guided by color features[J]. Visual Computer, 2010, 26(6-8): 933-942.

[53] Hudik M, Hodon M. Modeling, optimization and performance prediction of parallel algorithms[C]. IEEE Symposium on Computers and Communication, 2014: 1-7.

[54] Iqbal Q, Aggarwal J K. CIRES: A System for Content-Based Retrieval in Digital Image Libraries[C]. Seventh International Conference on Control, Automation, Robotics and Vision

(ICARCV'02), 2002, pp. 205-210.

[55] Jin H, Yezzi A J, Soatto S. Mumford-Shah on the Move: Region-Based Segmentation on02Deforming Manifolds with Application to 3-D Reconstruction of02Shape and Appearance from Multi-View Images [J]. Journal of Mathematical Imaging & Vision, 2007, 29(2-3): 219-234.

[56] Jongan Park, Nishat Ahmad, Gwangwon Kang, et al. Defining a Set of Features Using Histogram Analysis for Content Based Image Retrieval [C]. Lecture Notes in Computer Science, Advanced Intelligent Computing Theories and Applications. With Aspects of Artificial Intelligence, 2007(4682): 408-417.

[57] Kang M S, June Im S, Jang T I, et al. Detecting areal changes in tidal flats after sea dike construction using Landsat-TM images[J]. Journal of Earth System Science, 2007, 116(6): 561-573.

[58] Kasabov N K, Qun Song. DENFIS: Dynamic Evolving Neural-fuzzy Inference System and Its Application for Time-series Prediction[J]. IEEE Transaction on Fuzzy System, 2002, 10(2): 144-154.

[59] Kato T. Database architecture for content-based image retrieval[C]. Proc. SPIE: Image Storage and Retrieval Systems, 1992(1662): 112-123.

[60] Kenneth R Castleman. Digital Image Processing [M]. Prentice Hall, 2008.

[61] Kim N. W, Kim T. Y, Jong Soo Choi. Edge-Based Spatial Descriptor Using Color Vector Angle for Effective Image Retrieval[C]. Lecture Notes in Computer Science, Modeling Decisions for Artificial Intelligence, 2005(3558): 365-375.

[62] Kiy K I. A new real-time method for description and generalized segmentation of color images [J]. Pattern Recognition and Image Analysis, 2010, 20(2): 169-178.

[63] Laaksonen Jorma, Koskelal Markus, Laakso Sami, et al. Self-Organising Maps as a Relevance Feedback Technique in Content-

Based Image Retrieval[J]. Pattern Analysis & Applications, 2001, 4(2-3): 140-152.

[64]Lee C A, Gasster S D, Plaza A, et al. Recent Developments in High Performance Computing for Remote Sensing: A Review[J]. Selected Topics in Applied Earth Observations and Remote Sensing, IEEE Journal of, 2011(3): 508-527.

[65]Lee M, Samet H. Traversing the triangle elements of an icosahedral spherical representation in constant time [J]. Proceedings of International Symposium on Spatial Data Handling International Geographical, 1998: 22-33.

[66]Lee XiaoFu, Yin Qian. Combining Color and Shape Features for Image Retrieval[J]. Lecture Notes in Computer Science, Universal Access in Human-Computer Interaction. Applications and Services, 2009(5616): 569-576.

[67] Lei J. Image Annotation Using Sub-block Energy of Color Correlograms[C]. Lecture Notes in Computer Science, Artificial Intelligence and Computational Intelligence, 2009(5855): 555-562.

[68]Leifman G, Meir R, Tal A. Semantic-oriented 3d shape retrieval using relevance feedback[J]. The Visual Computer, 2005, 21(8-10): 865-875.

[69]Li D. An Overview of Earth Observation and Geospatial Information Service [M]. Geospatial Technology for Earth Observation, Publisher: Springer-Verlag New, 2009.

[70]Li Deren, Shen Xin. Geospatial information service based on digital measurable image-Take Image City Wuhan as an example[J]. Geo-Spatial Information Science, 2010, 13(2): 79-84.

[71] Li H, Shen C. Interactive color image segmentation with linear programming[J]. Machine Vision and Applications, 2009, 21(4): 403-412.

[72]Liang J Y, Wang F, Dang C Y, et al. An efficient rough feature selection algorithm with a multi-granulation view[J]. International

Journal of Approximate Reasoning, 2012, 53: 912-926.

[73] Liu Y, Chen B, Yu H, et al. Applying GPU and POSIX thread technologies in massive remote sensing image data processing[C]. International Conference on Geoinformatics, IEEE, 2011: 1-6.

[74] Lu Yinghua, Zhao Qiushi, Kong Jun, et al. A Two-Stage Region-Based Image Retrieval Approach Using Combined Color and Texture Features [C]. Lecture Notes in Computer Science, AI 2006: Advances in Artificial Intelligence, 2006(4304): 1010-1014.

[75] Lukatela H. Ellipsoidal area computations of large terrestrial objects [C]. Proceedings of 1st international conference on discrete grids, 2000: 26-28.

[76] Ma L, Staunton R C. A modified fuzzy c-means image segmentation algorithm for use with uneven illumination patterns [J]. Pattern Recognition, 2007, 40(11): 3005-3011.

[77] Ma Wei-Ying, Manjunath B S. NeTra: A toolbox for navigating large image databases[J]. Multimedia Systems, 1999, 7(3): 184-198.

[78] Ma Y, Chen L, Liu P, et al. Parallel programing templates for remote sensing image processing on GPU architectures: design and implementation[J]. Computing, 2014: 1-27.

[79] Marr D. Vision: A computational investigation into the human representation and processing of visual information[M]. New York: W H Freeman and Company, 1982.

[80] Mather P M. Computer Processing of Remotely-Sensed Images: An Introduction (3rd Edition) [M]. Chichester: John Wiley & Sons, 2004.

[81] Maulik U, Sarkar A. Efficient parallel algorithm for pixel classification in remote sensing imagery[J]. Geoinformatica, 2012, 16(2): 391-407.

[82] Mehrotra S, Yong R, Ortega-Binderberger M, et al. Supporting Content-Based Queries over Images in MARS[C]. Proc. of IEEE International Conference on Multimedia Computing and Systems,

1997: 632-633.

[83]Mcnairn H, Ellis J, Sanden J J V D, et al. Providing crop information using RADARSAT-1 and satellite optical imagery[J]. International Journal of Remote Sensing, 2010, 23(5): 851-870.

[84]Ni K, Bresson X, Chan T, et al. Local Histogram Based Segmentation Using the Wasserstein Distance [J]. International Journal of Computer Vision, 2009, 84(1): 97-111.

[85]Niblack W, Barber R, Equitz W, et al. The QBIC project: querying images by content using color, texture, and shape[C]. Proc. SPIE: Storage and Retrieval for Image and Video Databases, 1993(1908): 173-187.

[86]Nobuhara H, Pedryez W, Hirota K. Fast soling method of fury relational equation and its application to image compression/reconstruction[J]. IEEE Transactions on Fuzzy Systems (TFS), 2000, 8(3): 325- 334.

[87] Ogle V E, Stonebraker M. Chabot: Retrieval from a relational database of images[J]. Computer, 1995, 28(9): 40-48.

[88]Oh J T, Kim W H. EWFCM Algorithm and Region-Based Multi-level Thresholding[C]. Lecture Notes in Computer Science, Fuzzy Systems and Knowledge Discovery, 2006(4223): 864-873.

[89]Ojala T, Pietikäinen M, Mäenpää T. Multi-resolution gray-scale and rotation invariant texture classification with Local Binary Patterns[J]. IEEE Transactions on Pattern Analysis and Machine Intelligence, 2002, 24(7): 971-987.

[90]Oracle. Oracle Spatial 11g georaster[Z]. Oracle 技术白皮书, 2007.

[91]Orbanz P, Buhmann J M. Nonparametric Bayesian Image Segmentation[J]. International Journal of Computer Vision, 2008, 77(1-3): 25-45.

[92]Orengo M S M. Similarity Of Color Images[J]. Storage & Retrieval for Image & Video Databases III, 1995, 2420: 381-392.

[93]Ottoson P, Hauska H. Ellipsoidal quadtrees for indexing of global

geographical data [J]. International Journal of Geographical Information Science, 2002, 16(3): 213-226.

[94] Pawlak Z. Rough sets[J]. International Journal of Computer and Information Sciences, 1982, 11(5): 341-356.

[95] Pawlak Z. Rough Sets-Theoretical Aspect of Reasoning about Data [M]. Kluwer Academic Publishers, Dordrecht, Boston, London, 1991.

[96] Pawlak Z. Granularity of knowledge, Indiscernibility and rough sets [C]. Proceedings of 1998 IEEE International Conference on Fuzzy Systems, New Jersey, 1998: 106-110.

[97] Pedrycz W, Smith M H, Bargiela A. A granular signature of data [C]. Int Conf NAFIPS'2000, USA, 2000.

[98] Pedrycz W. Granular Computing-The Emerging Paradigm[J]. Journal of uncertain systems, 2007, 1(1): 38-61.

[99] Pentland A, Picard R, Sclaroff S. Photobook: Tools for Content-based Manipulation of Image Databases[J]. International Journal of Computer Vision, 1996, 18(3): 233-254.

[100] Plaza A, Plaza J, Vegas H. Improving the Performance of Hyperspectral Image and Signal Processing Algorithms Using Parallel, Distributed and Specialized Hardware-Based Systems[J]. Journal of Signal Processing Systems, 2010, 61(3): 293-315.

[101] Prasad B G, Biswas K K, Gupta S K. Region-based image retrieval using integrated color, shape, and location index[J]. Computer Vision and Image Understanding, 2004, 94(1-3): 193-233.

[102] Pratikakis I, Vanhamel I, Sahli H, et al. Watershed-Driven Region-Based Image Retrieval [C]. Computational Imaging and Vision, Mathematical Morphology: 40 Years On, III, 2006(30): 207-216.

[103] Qian Y H, Liang J Y, Pedrycz W, et al. Positive approximation: An accelerator for attribute reduction in rough set theory [J]. Artificial Intelligence, 2010, 174(910): 597-618.

[104] Ravikanth Kothuri, Albert Godfrind, Euro Beinat. 管会生，刘刚，安宁，等，译. Oracle Spatial 空间信息管理——Oracle Database 11g[M]. 北京：清华大学出版社，2009.

[105] Riklin-Raviv T, Sochen N, Kiryati N. Shape-Based Mutual Segmentation[J]. International Journal of Computer Vision, 2008, 79(3): 231-245.

[106] Rotaru C, Graf T, Zhang J. Color image segmentation in HSI space for automotive applications [J]. Journal of Real-Time Image Processing, 2008, 3(4): 311-322.

[107] Saeed Golian, Bahram Saghafian, Sara Sheshangosht, et al. Comparison of classification and clustering methods in spatial rainfall pattern recognition at Northern Iran [J]. Theoretical and Applied Climatology, Online First, 2010.

[108] Sahr K, Kimerling D W & A J. Geodesic Discrete Global Grid Systems [J]. Cartography & Geographic Information Science, 2013, 30(2): 121-134.

[109] Shahabi C, Safar M. An experimental study of alternative shape-based image retrieval techniques [J]. Multimedia Tools and Applications, 2007, 32(1): 29-48.

[110] Shailendra Singh. RGB Color Histogram Feature based Image Classification: An Application of Rough Reasoning[J]. Proceedings of the First International Conference on Intelligent Human Computer Interaction, Part 2, 2009, pp. 102-112.

[111] Shao Mingwen, Zhang Hongying. Dominance Relation and Rules in Ordered Information Systems [J]. Chinese Journal of Engineering Mathematics, 2005, 22(4): 697-702.

[112] Shao Z, Li D. Spatial Information Multi-grid for Data Mining[J]. Lecture Notes in Computer Science, Advanced Data Mining and Applications, 2005(3584): 777-784.

[113] Shao Z, Li D. Design and implementation of service-oriented spatial information sharing framework in digital city [J]. Geo-Spatial

Information Science, 2009, 12(2): 104-109.

[114] Shi J, Du G. A Similarity Measuring Method between Image Regions Based on Granular Computing [C]. 2010 IEEE International Conference on Granular Computing, GrC San Jose, California, USA, 2010, pp. 755-758.

[115] Smith J R, Chang S F. VisualSEEk: a fully automated content-based image query system [C]. Proc. of the fourth ACM international conference on Multimedia, 1996: 87-98.

[116] Stricker M, Swain M. The Capacity and the Sensitivity of Color Histogram Indexing[J]. Communications Technology Lab, 1994.

[117] Su Zhong, Zhang Hongjiang, Li Stan, et al. Relevance feedback in content-based image retrieval: Bayesian framework, feature subspaces, and progressive learning[J]. IEEE transactions on image processing, 2003: (12)8: 924-937.

[118] Sun J, Wu X. Shape Retrieval Based on the Relativity of Chain Codes[C]. Lecture Notes in Computer Science, Multimedia Content Analysis and Mining, 2007(4577): 76-84.

[119] Tao Dacheng, Tang Xiaoou, Li Xuelong, et al. Asymmetric Bagging and Random Subspace for Support Vector Machines-Based Relevance Feedback in Image Retrieval[J]. IEEE Transactions on Pattern Analysis and Machine Intelligence, 2006, 28 (7): 1088-1099.

[120] Tumara H, Mori S, Yamawaki T. Texture features corresponding to visual perception [J]. IEEE Transactions On system, man and cybernetics, 1978, 8(6): 460-473.

[121] Turner M. D. R, Congalton G. Classification of multi-temporal SPOT-XS satellite data for mapping rice fields on a West African floodplain[J]. International Journal of Remote Sensing, 1998, 19 (1): 21-41(21).

[122] Ursula Gonzales-Barron, Francis Butler. Fractal texture analysis of bread crumb digital images [J]. European Food Research and

Technology, 2007, 226(4): 721-729.

[123] Wang C, Yang G, Ma Z L, et al. Fusion of VNIR and thermal infrared remote sensing data based on GA-SOFM neural network[J]. Geo-Spatial Information Science, 2009a, 12(4): 271-280.

[124] Wang H, Zhang J, Liu X, et al. Parallel algorithm design for remote sensing image processing in the PC cluster environment [C]. 18th International Conference on Geoinformatics, IEEE, 2010: 1-5.

[125] Wang J, Tang J, Liu J, et al. Alternative Fuzzy Cluster segmentation of remote sensing images based on Adaptive Genetic Algorithm[J]. Chinese Geographical Science, 2009b, 19(1): 83-88.

[126] Wang Mi, Gong Jianya, Li Deren. Multi-resolution seamless image database[J]. Geo - Spatial Information Science, 2000, 3(3): 52–56.

[127] White D, Overton J A K. Cartographic and geometric components of a global sampling design for environmental monitoring [C]. Cartography & Geographic Information Systems. 1992: 5-22.

[128] Williams A, Yoon P. Content-based image retrieval using joint correlograms[J]. Multimedia Tools and Applications, 2007, 34(2): 239-248.

[129] Wu Zhaocong, Li Deren. Neural network based on rough sets and its application to remote sensing image classification[J]. Geo-Spatial Information Science, 2002, 5(2): 17-21.

[130] Xiong D, Du G. Paralle Processing Research on Subdivision Template of Remote Sensing Image[J]. Sensors & Transducers, 2013, 157(10): 145-148.

[131] Xiong D, Xu Q. Data Model Research of Subdivision Cell Template Based on EMD Model [C]. Proceedings of the International Conference on Mechatronics and Automatic Control Systems, 2013: 817-824.

[132] Xiong D. Rapidly Processing Mechanism for Remote Sensing Image

Based on EMD Model[J]. Journal of Chemical and Pharmaceutical Research, 2014, 6(5): 585-589.

[133]Xu H, Tian Z, Meng F. Segmentation of SAR Image Using Mixture Multiscale ARMA Network[C]. Lecture Notes in Computer Science, Advances in Natural Computation, 2005(3611): 371-375.

[134]Xu R, Wunsch D. Survey of clustering algorithms [J]. IEEE Transactions Neural Networks, 2005, 16(3): 645-678.

[135]Xu Y, Ji H, Fermüller C. Viewpoint Invariant Texture Description Using Fractal Analysis [J]. International Journal of Computer Vision, 2009, 83(1): 85-100.

[136]Yang J F, Hao S S, Chung P C. Color image segmentation using fuzzy C-means and eigenspace projections [J]. Signal Process, 2002, 82(3): 461-472.

[137]Yang X C, Zhao W D, Chen Y F, et al. Image segmentation with a fuzzy clustering algorithm based on Ant-Tree[J]. Signal Process, 2008, 88(10): 2453-2462.

[138]Yao Y Y. 2001. Granular Computing: basic issue and possible solutions [C]. Proceedings of the 5th Joint Conference on Information Sciences, 2001: 186-189.

[139]Yoo G H, Kim B K, You K S. Content-Based Image Retrieval Using Shifted Histogram[J]. Lecture Notes in Computer Science, Computational Science, 2007(4489): 894-897.

[140]Yu G, Wang C, Zhang H, et al. A Novel Fuzzy Segmentation Approach for Brain MRI[C]. Lecture Notes in Computer Science, Advanced Concepts for Intelligent Vision Systems, 2006(4179): 887-896.

[141]Yu J, Guo P, Chen P, et al. Remote sensing image classification based on improved fuzzy c-means [J]. Geo-Spatial Information Science, 2008, 11(2): 90-94.

[142] Yu Q, Clausi D A. IRGS: Image Segmentation Using Edge Penalties and Region Growing[J]. IEEE Transactions on Pattern

Analysis and Machine Intelligence, 2008, 30(12): 2126-2139.

[143] Yu S, Zhang Y, Wang Y, et al. Color-Texture Image Segmentation by Combining Region and Photometric Invariant Edge Information [J]. Lecture Notes in Computer Science, Multimedia Content Analysis and Mining, 2007, 4577, pp. 286-294.

[144] Zachary J M. An information theoretic approach to content based image retrieval [D]. Phd Thesis, Louisiana State University and Agricultural and Mechanical College, 2000.

[145] Zadeh L A. Fuzzy sets[J]. Information and Control, 1965, 8(3): 338-353.

[146] Zadeh L A. Fuzzy logic = computing with words [J]. IEEE Transactions on Fuzzy Systems, 1996, 4(2): 103-111.

[147] Zadeh L A. Towards a theory of fuzzy information granulation and its centrality in human reasoning and fuzzy logic [J]. Fuzzy Sets and Systems, 1997, 19: 111-127.

[148] Zadeh L A. Some reflections on soft computing, granular computing and their roles in the conception, design and utilization of information/intelligent systems[J]. Soft Computing, 1998, 2(1): 23-25.

[149] Zhang B, Zhang L. Theory and applications of problem solving[M]. Amsterdam: North-Holland Publishing, 1992.

[150] Zhang D. Image Retrieval Based on Shape [D]. PhD Thesis, Monash University, 2002.

[151] Zhang Qiaoping, Li Deren, Gong Jianya. Shape similarity measures of linear entities [J]. Geo-Spatial Information Science, 2002, 5 (2): 62-67.

[152] Zhang Y J, Xu Y. Effect investigation of the CAI software for "Image Processing and Analysis" [C]. Proceeding of International Conference on Computer in Education'99, pp. 371-374.

[153] Zhang Y, Yao Y, He Y. Color image segmentation based on HSI model[J]. High technology letters, 1998, 4(1): 28-31.

[154] Zhao Q, Tao H. Motion Observability Analysis of the Simplified Color Correlogram for Visual Tracking [C]. Lecture Notes in Computer Science, Computer Vision, 2007, 4843, pp. 345-354.
[155] Zhou Qiang, Ma Limin, Celenk Mehmet, et al. Content-Based Image Retrieval Based on ROI Detection and Relevance Feedback [J]. Multimedia Tools and Applications, 2005, 27(2): 251-281.
[156] Zhu Xinyan, Wen Yi, Li Deren, Gong Jianya. Research on data consistency in spatial database system[J]. Geo-Spatial Information Science, 2000, 3(4): 24-29.
[157]薄华，马缚龙，焦李成．图像纹理的灰度共生矩阵计算问题的分析[J]. 电子学报，2006，34(1)：155-158.
[158]鲍永生，任建峰，郭雷．支持语义的图像检索[J]. 南京航空航天大学学报，2005，37(1)：75-78.
[159]迟利华，刘杰，等，译．Jordan, Alaghband. 并行处理基本原理[M]. 北京：清华大学出版社，2004.
[160]曹奎，冯玉才，曹忠升，等．彩色图象检索中的模糊直方图技术[J]. 小型微型计算机系统，2001，22(7)：833-836.
[161]曹奎，冯玉才，王元珍．图像检索中一种新的相关反馈机制[J]. 计算机科学，2002，29(1)：65-68.
[162]曹奎，冯玉才．一种图像检索中的灰色相关反馈算法[J]. 计算机工程，2004，30(6)：18-20.
[163]曹奎，谭水木，冯玉才．基于灰色聚类的图像检索技术[J]. 计算机工程，2006，32(1)：194-197.
[164]曾志，刘仁义，李先涛，等．一种基于分块的遥感影像并行处理机制[J]. 浙江大学学报：理学版，2012，39(2)：225-230.
[165]陈静，龚健雅，朱欣焰，等．海量影像数据的 Web 发布与实现[J]. 测绘通报，2004，(1)：22-25.
[166]陈仲新．GEOSS 背景下的农业遥感监测[J]. 中国农业资源与区划，2012，33(4)：5-10.
[167]程承旗，关丽．基于地图分幅拓展的全球剖分模型及其地址编码研究[J]. 测绘学报，2010，39(3)：295-302.

[168]程承旗，郭辉．基于剖分数据模型的影像信息表达研究[J]，测绘通报，2009(10)：12-14，17.

[169]程承旗，吕雪锋，关丽．空间数据剖分集群存储系统架构初探[J]．北京大学学报：自然科学版，2011，47(1)：103-108.

[170]程承旗，任伏虎，濮国梁，等．空间信息剖分组织导论[M]．北京：科学出版社，2012.

[171]程承旗，宋树华，万元嵬，等．基于全球剖分模型的空间信息编码模型初探[J]．地理与地理信息科学，2009，25(4)：8-11.

[172]程起敏．基于内容的遥感影像库检索关键技术研究[D]．北京：中国科学院研究生院，2004.

[173]邓淑明，胡思仁，著．地理信息网络服务与应用[M]．曾杉，译．北京：科学出版社，2004.

[174]苗夺谦，王国胤，刘清，等．粒计算：过去、现在与展望[M]．北京：科学出版社，2007.

[175]董芳，程承旗，郭仕德．基于 EMD 的剖分空间关系计算模型初探[J]．北京大学学报(自然科学版)，2012，48(3)：444-450.

[176]董卫军，周明全，耿国华．基于纹理-形状特征的图像检索技术[J]．计算机工程与应用，2004，40(24)：9-11.

[177]董卫军，周明全，耿国华．基于形状-空间关系的图像检索技术[J]．计算机工程，2005，31(20)：170-172

[178]杜根远，苗放，熊德兰．一种基于剖分的空间数据存储调度服务模型[J]．计算机科学，2012，39(8)：263-267.

[179]杜根远，田胜利，苗放．结合 ECM 和 FCM 聚类的遥感图像分割新方法[J]．计算机应用研究，2009，26(10)：3995-3997.

[180]杜根远，熊德兰，张火林．基于剖分理论的遥感影像模板数据模型[J]．计算机应用，2014，34(4)：1165-1168，1181.

[181]樊亚春，耿国华，周明全．用不变矩和边界方向进行形状检索[J]．小型微型计算机系统，2004，25(4)：659-662.

[182]樊昀，王润生．面向内容检索的彩色图像分割[J]．计算机研究与发展，2002，39(3)：376-381.

[183]范立南，韩晓微，张广渊．图像处理与模式识别[M]．北京：科

学出版社，2007.
[184]冯玉才，程珺，聂晶，等. 一种新的基于颜色的图像检索算法[J]. 计算机应用，2006，42(22)：52-55，99.
[185]龚健雅. 对地观测数据处理与分析研究进展[M]. 武汉：武汉大学出版社，2007.
[186]关丽，程承旗，吕雪锋. 基于球面剖分格网的矢量数据组织模型研究[J]. 地理与地理信息科学，2009，25(3)：23-27.
[187]关丽，吕雪锋. 面向空间数据组织的地理空间剖分框架性质分析[J]. 北京大学学报(自然科学版)，2012，48(1)：123-132.
[188]郭松涛，孙强，焦李成. 基于改进小波域隐马尔可夫模型的遥感图像分割[J]. 电子与信息学报，2005，27(2)：286-289.
[189]郭小卫，官小平. 一种多尺度无监督遥感图像分割方法[J]. 遥感信息，2006，(6)：20-22.
[190]哈斯巴干，马建文，李启青，等. 模糊C-均值算法改进及其对卫星遥感数据聚类的对比[J]. 计算机工程，2004，30(11)：14-15，91.
[191]赫华颖，陆书宁. 几种小波基在遥感图像压缩中的应用效果比较[J]. 国土资源遥感，2008(3)：27-31.
[192]胡鹏，吴艳兰，杨传勇，等. 大型GIS与数字地球的空间数学基础研究[J]. 武汉大学学报：信息科学版，2001，26(4)：296-302.
[193]胡晓东，骆剑承，沈占锋，等. 高分辨率遥感影像并行分割结果缝合算法[J]. 遥感学报，2010，14(5)：917-927.
[194]黄元元，何云峰. 利用颜色进行基于内容的图像检索[J]. 小型微型计算机系统，2007，28(7)：1277-1281.
[195]蒋楠，李卫国，杜培军. 雷达遥感在水稻生长监测应用中的研究进展[J]. 江苏农业科学，2011，39(2)：491-493.
[196]李德仁，崔巍. 空间信息语义网格[J]. 武汉大学学报(信息科学版)，2004，29(10)：847-851.
[197]李德仁，龚健雅，邵振峰. 从数字地球到智慧地球[J]. 武汉大学学报(信息科学版)，2010，35(2)：127：132

[198]李德仁，关泽群．空间信息系统的集成与实现[M]．武汉：武汉大学出版社，2000.
[199]李德仁，王树良，李德毅．空间数据挖掘理论与应用[M]．北京：科学出版社，2006.
[200]李德仁，朱庆，朱欣焰，等．面向任务的遥感信息聚焦服务[M]．北京：科学出版社，2010.
[201]李德仁，朱欣焰，龚健雅．从数字地图到空间信息网格-空间信息多级网格理论思考[J]．武汉大学学报(信息科学版)，2003：642-650.
[202]李德仁．论广义空间信息网格和狭义空间信息网格[J]．遥感学报，2005，9(5)：513-520.
[203]李民录．GDAL 源码剖析与开发指南[M]．北京：人民邮电出版社，2014.
[204]李年攸．粗集理论在图像分割中的应用[J]．三明学院学报，2005，22(4)：382-385.
[205]李维良，王红平，范鹏．基于并行预分割的高分辨率遥感影像多尺度分割[J]．测绘通报，2013，(11)：29-32.
[206]李旭超，朱善安．图像分割中的马尔可夫随机场方法综述[J]．中国图象图形学报，2007，12(5)：789-798.
[207]梁栋，杨杰，卢进军，等．基于非负矩阵分解的隐含语义图像检索[J]．上海交通大学学报，2006，40(5)：787-790.
[208]林开颜，吴军辉，徐立鸿．彩色图像分割方法综述[J]．中国图象图形学报，2005，10(1)：1-10.
[209]林瑶，田捷．医学图像分割方法综述[J]．模式识别与人工智能，2002，15(2)：192-204.
[210]刘纯平．2006．基于 Kohonen 神经网络聚类方法在遥感分类中的比较[J]．计算机应用，26(7)：1744-1750.
[211]刘盾．三支决策与粒计算[M]．科学出版社，2013.
[212]刘海宾，何希勤，刘向东．基于分水岭和区域合并的图像分割算法[J]．计算机应用研究，2007，24(9)：307-308.
[213]刘洁敏，姚豫，张瑞，等．2008．基于局部颜色-空间特征的图

像语义概念检测[J]. 中国图象图形学报, 13(10): 1890-1893.
[214]刘鹏. 2011. 实战 Hadoop: 开启通向云计算的捷径[M]. 北京: 电子工业出版社.
[215]刘仁金, 黄贤武. 2005. 图像分割的商空间粒度原理[J]. 计算机学报, 28(10): 1680-1685.
[216]刘晓云, 王振松, 陈武凡, 等. 2007. 基于 MRF 随机场和广义混合模型的遥感图像分级聚类[J]. 遥感学报, 11(6): 839-844.
[217]刘忠伟, 章毓晋. 十种基于颜色特征图像检索算法的比较与分析[J]. 信号处理, 2000, 16(1): 79-84.
[218]陆丽珍. 基于数据库方式的遥感图像数据库内容检索研究[D]. 杭州: 浙江大学, 2005a.
[219]陆丽珍. 基于 GIS 语义的遥感图像检索[J]. 中国图象图形学报, 2005b, 10(10): 1207-1211.
[220]孟小峰, 慈祥. 大数据管理: 概念、技术与挑战[J]. 计算机研究与发展, 2013, 50(1): 146-169.
[221]苗放, 叶成名, 刘瑞, 等. 新一代数字地球平台与“数字中国”技术体系架构探讨[J]. 测绘科学, 2007, 32(6): 157-158, 68.
[222]莫则尧, 陈军, 曹小林, Jack Dongarra, 等 并行计算综论[M]. 北京: 电子工业出版社, 2005.
[223]欧阳军林, 夏利民. 基于二值信息的颜色和形状特征的图像检索[J]. 小型微型计算机系统, 2007, 28(7): 1262-1266.
[224]秦昆, 徐敏. 基于云模型和 FCM 聚类的遥感图像分割方法[J]. 地球信息科学, 2008, 10(3): 302-307.
[225]邱磊, 李国辉, 代科学. 遥感图像的半监督的改进 FCM 算法[J]. 计算机应用研究, 2006, 23(6): 252-253.
[226]沈占锋, 骆剑承, 陈秋晓, 等. 基于 MPI 的遥感影像高效能并行处理方法研究[J]. 中国图象图形学报, 2007, 12(12): 2132-2136.
[227]史春奇, 施智平, 刘曦, 等. 基于自组织动态神经网络的图像分割[J]. 计算机研究与发展, 2009, 46(1): 23-30.
[228]史进玲, 杜根远, 熊德兰. 一种基于粒计算的不完备序决策表

约简算法[J]. 计算机应用与软件, 2012, 31(10): 113-116.
[229]史进玲. 基于粒计算的决策表属性约简与规则提取研究[D]. 新乡: 河南师范大学, 2009.
[230]宋树华, 程承旗, 关丽, 等. 全球空间数据剖分模型分析[J]. 地理与地理信息科学, 2008, 24(4): 11-15.
[231]孙君顶, 张喜民, 崔江涛, 等. 一种新的基于颜色和空间特征的图像检索方法[J]. 计算机科学, 2005, 32(6): 158-160, 184.
[232]谭亚平, 程承旗, 耿晓晖. 遥感分景数据的剖分索引模型[J]. 地理研究, 2012, 31(6): 1132-1142.
[233]田森平, 吴文亮. 自动获取 *K*-means 聚类参数 *K* 值的算法[J]. 计算机工程与设计, 2011, 32(1): 274-276.
[234]田胜利, 杜根远. 基于进化聚类的图像分割方法[J]. 计算机工程与设计, 2009, 30(18): 4299-4302.
[235]田胜利, 杜根远. 自适应 FCM 算法在图像分割中的应用研究[J]. 计算机工程与应用, 2010, 46(13): 151-153, 167.
[236]童晓冲. 空间信息剖分组织的全球离散格网理论与方法[J]. 测绘学报, 2011, 40(4): 536-536.
[237]万华林, 胡宏, 史忠植. 利用二部图匹配进行图像相似性度量[J]. 计算机辅助设计与图形学学报, 2002, 14(11): 1066-1069.
[238]汪国平, 李胜, 李文航, 等. 分布式虚拟现实中超大规模数据管理[J]. 中国计算机学会通讯, 2010, 6(7): 17-22.
[239]王崇骏, 杨育彬, 陈世福. 基于高层语义的图像检索算法[J]. 软件学报, 2004, 15(10): 1461-1469.
[240]王国胤, 张清华, 胡军. 粒计算研究综述[J]. 智能系统学报, 2007, 2(6): 8-26.
[241]王涛, 胡事民, 孙家广. 基于颜色-空间特征的图像检索[J]. 软件学报, 2002, 13(10): 2031-2036.
[242]王向阳, 王春花. 基于特征散度的自适应 FCM 图像分割算法[J]. 中国图象图形学报, 2008, 13(5): 906-910.
[243]韦娜, 耿国华, 周明全. 基于傅立叶变换的医学图像检索算法

分析[J]. 小型微型计算机系统, 2005a, 26(5): 807-809.
[244]韦娜, 耿国华, 周明全. 利用Gabor滤波器的基于内容图像检索[J]. 计算机工程, 2005b, 31(8): 10-12.
[245]韦娜. 基于内容图像检索关键技术研究[D]. 西安: 西北大学, 2006.
[246]邬伦, 等. 地理信息系统-原理、方法和应用[M]. 北京: 科学出版社, 2004.
[247]吴信才. 空间数据库[M]. 北京: 科学出版社, 2009.
[248]谢克明, 逯新红, 陈泽华. 粒计算的基本问题和研究[J], 计算机工程与应用, 2007, 43(16): 41-44.
[249]熊德兰, 杜根远. 遥感影像模板数据库设计与实现[J]. 现代计算机, 2012, 10: 62-65.
[250]熊德兰. 基于遥感的农作物长势模板数据库构建[J]. 江苏农业科学, 2014, 42(8): 411-414.
[251]修保新, 吴孟达. 图像模糊信息粒的适应性度量及其在边缘检测中的应用[J]. 电子学报, 2004, 32(2): 274-277.
[252]徐德启, 汪志华. 综合纹理和颜色的图像分割方法[J]. 计算技术与自动化, 2002, 21(3): 77-83.
[253]徐建华. 现代地理学中的数学方法(第二版)[M]. 北京: 高等教育出版社, 2002.
[254]徐久成, 史进玲, 张倩倩. 基于粒计算的序决策规则提取算法[J]. 模式识别与人工智能, 2009, 22(4): 660-665.
[255]杨超伟, 李琦, 承继成, 等. 遥感影像的Web发布研究和实现[J]. 遥感学报, 2000, 4(1): 71-75.
[256]杨杰, 陈晓云, 徐荣聪. 利用小波进行基于形状和纹理的图像分类[J]. 计算机应用, 2007, 27(2): 373-375.
[257]杨善林, 李永森, 胡笑旋, 等. *K*-means算法中的k值优化问题研究[J]. 系统工程理论与实践, 2006, 26(2): 97-101.
[258]杨宇博, 程承旗, 郝继刚, 等. 基于全球剖分框架的多源空间信息区位关联与综合表达方法[J]. 计算机科学, 2013, 40(5): 8-10.

[259]姚敏，赵敏．改进的高效 EZW 遥感图像压缩方法研究[J]．电子科技大学学报，2009，38(4)：525-528.

[260]叶齐祥，高文，王伟强，等．一种融合颜色和空间信息的彩色图像分割算法[J]．软件学报，2004，15(4)：523-530.

[261]俞晓．空间信息网络访问模式——G/S 模式研究[D]．成都：成都理工大学，2009.

[262]袁文，程承旗，马蔼乃，等．球面三角区域四叉树 L 空间填充曲线[J]．中国科学 E 辑，2004，34(5)：584-600.

[263]袁文，马蔼乃，管晓静．一种新的球面三角投影：等角比投影(EARP)[J]．测绘学报，2005，34(1)：78-84.

[264]袁文，庄大方，袁武，等．基于等角比例投影的球面三角四叉树剖分模型[J]．遥感学报，2009，13(1)：103-111.

[265]张钹，张铃．问题求解理论及应用-商空间粒度计算理论及应用[M]．北京：清华大学出版社，2007.

[266]张磊，林福宗，张钹．基于神经网络自学习的图像检索方法[J]．软件学报，2001，12(10)：1479-1485.

[267]张磊，林福宗，张钹．基于前向神经网络的图像检索相关反馈算法设计[J]．计算机学报，2002，25(7)：673-680.

[268]张立强．构建三维数字地球的关键技术研究[D]．中国科学院遥感应用研究所，2004.

[269]张烃，刘建成，李树旺．一种基于进化聚类的动态 TSK 模型建模方法[J]．计算机测量与控制，2006，14(4)：528-529.

[270]张伟，隋青美．基于惯性因子自适应粒子群和模糊熵的图像分割[J]．计算机应用研究，2010，27(4)：1569-1571，1587.

[271]张文修，梁怡，吴伟志．信息系统与知识发现[M]．北京：科学出版社，2005.

[272]张永生，贲进，童晓冲．地球空间信息球面离散网格-理论、算法及应用[M]．北京：科学出版社，2007.

[273]章毓晋．图像工程(中册)，图像分析(第二版)[M]．北京：清华大学出版社，2005.

[274]章毓晋．图像工程(上册)，图像处理(第二版)[M]．北京：清

华大学出版社，2006.
[275]赵红蕊，阎广建，邓小炼，等．一种简单加入空间关系的实用图像分类方法[J]．遥感学报，2003，7(5)：358-363.
[276]赵庆．基于 Hadoop 平台下的 Canopy-Kmeans 高效算法[J]．电子科技，2014，27(2)：29-31.
[277]赵学胜，候妙乐，白建军．全球离散格网的空间数字建模[M]．北京：测绘出版社，2007.
[278]赵英时，等．遥感应用分析原理与方法[M]．北京：科学出版社，2003.
[279]郑玮，康戈文，陈武凡，李小文．基于模糊马尔可夫随机场的无监督遥感图像分割算法[J]．遥感学报，2008，12(2)：246-252.
[280]周成虎，骆剑承，等．高分辨率卫星遥感影像地学计算[M]．北京：科学出版社，2009.
[281]周明全，耿国华，韦娜．基于内容图像检索技术[M]．北京：清华大学出版社，2007.
[282]周启鸣，刘学军．数字地形分析[J]．测绘与空间地理信息，2007(3)：146-146.
[283]周焰，李德仁，徐长勇．基于形状的遥感图像检索系统[J]．华中科技大学学报(自然科学版)，2003，31(3)：14-16.
[284]庄越挺，潘云鹤，吴飞．网上多媒体信息分析与检索[M]．北京：清华大学出版社，2002.